头发洗护技术

（第2版）

主编 梁 栋 杨志华

北京理工大学出版社
BEIJING INSTITUTE OF TECHNOLOGY PRESS

图书在版编目（CIP）数据

头发洗护技术 / 梁栋，杨志华主编. —2版. —北京：北京理工大学出版社，2022.7重印

ISBN 978-7-5682-7598-9

Ⅰ.①头…　Ⅱ.①梁…②杨…　Ⅲ.①头发–护理–高等职业教育–教材　Ⅳ.①TS974.22

中国版本图书馆CIP数据核字（2019）第271285号

出版发行 / 北京理工大学出版社有限责任公司

社　　址 / 北京市海淀区中关村南大街5号

邮　　编 / 100081

电　　话 /（010）68914775（总编室）

　　　　　（010）82562903（教材售后服务热线）

　　　　　（010）68944723（其他图书服务热线）

网　　址 / http://www.bitpress.com.cn

经　　销 / 全国各地新华书店

印　　刷 / 定州市新华印刷有限公司

开　　本 / 787毫米 × 1092毫米　1/16

印　　张 / 7　　　　　　　　　　　　　　　　　　责任编辑 / 李慧智

字　　数 / 165千字　　　　　　　　　　　　　　　文案编辑 / 李慧智

版　　次 / 2022年7月第2版第2次印刷　　　　　　　责任校对 / 周瑞红

定　　价 / 33.00元　　　　　　　　　　　　　　　责任印制 / 边心超

教材建设是国家职业教育改革发展示范学校建设的重要内容,作为第二批国家职业示范学校的北京市劲松职业高中,成立了由职业教育课程专家、教材专家、行业专家、优秀教师和高级编辑组成的五位一体的专业教材建设小组,开发设计了符合美容美发技能人才成长规律,反映行业新理念、新知识、新工艺、新材料的发展改革示范教材。

　　本套教材采用单元导读、工作目标、知识准备、工作过程、学生实践、知识链接的教材结构,突出了项目引领、工作导向,在知识准备的基础上,熟悉工作过程、练习操作流程,最终通过实践,达到提高学生职业素养和职业能力的目的。

　　本套书在每一本教材的教材目标设计和选择上,力求对接国家职业资格标准;在每一本教材的教材内容设计和选择上,力求对接典型职业活动;在每一本教材的教材结构设计和选择上,力求对接职业活动逻辑;在每一本教材的教材素材设计和选择上,力求对接职业活动案例。因此,这套教材有利于学生职业素养和职业能力的形成,有利于学生就业和职业生涯的发展。

　　我国职业教育"做中学"的教材、技术类的专业教材基本定型,服务类的专业教材也正逐步走向成熟,文化艺术类的专业教材正处于摸索阶段。一般技术类的专业教材采用过程导向逻辑结构;服务类的专业教材采用情景导向逻辑结构;文化艺术类的专业教材应采用效果导向的逻辑结构。这套美容美发专业的教材,是一次由知识本位到能力本位转型的新的有益探索,向效果导向逻辑结构迈出了一大步。北京市劲松职业高中美容美发专业拥有十分优秀的师资和深度的校企合作,这是他们能够设计编写出优秀教材的基本条件。

前言
PREFACE

头发洗护是美发企业典型的职业活动。随着人们生活水平的提高，顾客对头发健康方面的需求日益增大。洗护发正在改变着美发师的传统工作方式，洗发和护发技术也变得日益重要。

本教材根据洗发、护发职业活动的实际需要，选取有代表性企业的工作项目作为教材主体，按不同工作内容分三个学习单元。单元一为洗发，根据洗发针对的不同服务对象选取了一般洗发、烫发洗发和染发洗发三个工作项目。单元二为护发，根据顾客发质不同选取正常发质护发、受损发质护发两个工作项目。单元三为头皮护理，按头皮特征不同分为脱发头皮护理和头皮屑头皮护理。每个工作项目都配有操作示意图片并附有相关知识链接及自我检查评定表格本书还为任课教师提供了相应的实际操作教学视频。

本教材以岗位工作为依据，以典型工作项目为载体，以典型的洗护服务项目流程为主线，构成全书。同时根据各个单元工作的特征，融入了毛发知识产品原理知识、安全操作知识、顾客服务知识，力求能反映洗护发技术的最新发展成果。教材比较准确地把握了岗位技能课程的特征，具备了工作过程导向特点，突出了实践性、活动性、选择性，符合新课程理念，对学生专业技术的全面成长也会产生积极的作用。

　　本教材在编写过程中得到了欧莱雅专业美发、威娜专业美发、施华蔻专业美发、美其丝专业美发等多家专业机构的技术支持与帮助，同时也得到了多位业内专家的大力帮助，在此谨表衷心的感谢。

　　限于作者的学术水平，错误与不妥之处在所难免，敬请读者批评指正。

编　者

目录
CONTENTS

单元一　洗发技术

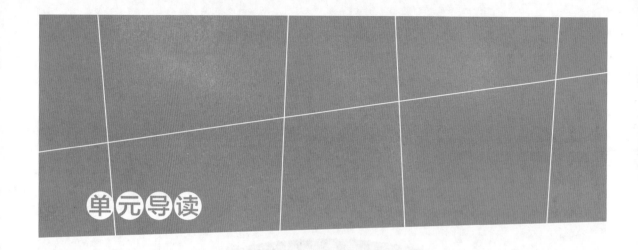

单元导读

内容介绍

  洗发是专业发廊中最基本的服务，也是其他美发服务项目中很重要的一个操作步骤。洗发看似简单，其实包含很多专业知识和技能。在这一单元中，同学们将学习一般洗发、烫发洗发和染发洗发三个工作项目。通过学习和实际操作，掌握毛发的基础知识和头发清洁的操作技能，为今后的美发学习奠定基础。

单元目标

①掌握毛发及其清洁的基础知识。

②掌握一般洗发、烫发洗发和染发洗发的操作手法和技巧。

③掌握专业美发机构头发清洗的工作流程和服务标准。

④掌握常见洗发用品、工具的性能、效果及使用方法。

项目一　一般洗发技术

项目描述：

一般洗发是指针对正常发质客人的常规洗发服务，在这一项目中，你将学习毛发的基本知识、常见洗发产品知识和躺式洗发的基本技术。通过学习，你将能在模拟环境下，完成一般洗发服务项目。

工作目标：

①能够描述洗发原理、种类。

②能够介绍典型产品的类型。

③能够描述躺式洗发的操作流程及手法。

④掌握为顾客提供保护措施（毛巾、客袍、保鲜膜）的操作手法。

⑤掌握为顾客洗发过程中试水温、打湿头发、放洗发水、抓挠、揉搓（加按摩）、冲水、放护发素（可按摩头部、肩颈）、再冲水、包头等操作手法。

⑥掌握在服务过程中要对顾客微笑、使用礼貌用语，学会正确的站姿，掌握接待顾客、与顾客交流及进行产品介绍的能力。

一、知识准备

（一）洗发基础知识

1. 头发生理知识

（1）头发的结构（见图1-1-1）

①毛鳞片：由硬角质蛋白、没有细胞核的细胞组成，透明、无色，平滑地覆盖在头发的

表面，呈半透明的鳞状体，约6~12层，能够反射光线，它的作用是，使头发看上去亮丽有光泽，保护发干的内部及毛发纤维组织。

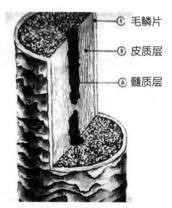

①毛鳞片
②皮质层
③髓质层

图1-1-1 头发结构

②皮质层：由柔软的蛋白质及角化的菱形细胞组成，是发干中最厚的部分，毛发的弹性、韧性和颜色等都从皮质层体现出来。

③髓质层：由无细胞核的细胞组成，头发最中心部分，对人类来说没有任何功能，细软发质没有髓质层。

（2）发质的分类

中性发质：发根部毛乳头的皮脂腺分泌的油分和水分适中。

油性发质：发根部毛乳头的皮脂腺分泌的油分和水分过多。

干性发质：发根部毛乳头的皮脂腺分泌的油分和水分过少。

受损发质：头发表现为开叉、不柔顺、不服帖、多孔性。主要是皮质层出现问题，毛鳞片脱落。

抗拒发质：头发表现为粗硬，毛鳞片层数多。

（3）头发的化学成分（见表1-1-1）

表1-1-1 头发的化学成分

基本元素	碳、氢、氧、氮
微量元素	铁、铜、锌、碘
氨基酸	20多种类型
蛋白质	约50%的无序蛋白质分子 约50%的α-螺旋（螺旋状）蛋白质分子
脂质	如：胆固醇
水分	约占头发重量的12%

2. 洗发的作用

（1）清洁头发

一般正常人每平方厘米的头皮组织中大约分布着144~192个皮脂腺，每根毛发的毛囊根部同皮脂腺是紧密相连的，这些皮脂腺每天都在持续不断地分泌油脂，过量的皮脂的存在很容易造成污垢和头皮屑的堆积，堵塞毛囊和皮脂腺，影响皮脂的正常分泌，阻碍毛发根部营养的吸收，经常洗发能够彻底地洗掉头发上积存的污垢、灰尘、油腻、摩丝、啫喱、暂时性染发剂等，还可以保持头部的清洁及健康。

（2）有益健康

污垢和灰尘会使头发间相互摩擦增加，引起发质受损，洗发可以清除头发表面的污垢，去除病菌的培养基，减少头皮屑的产生，增加发丝间的通透性，使头发能够自由呼吸，由此减少头发受损。同时，在洗发过程中，通过手对头皮的摩擦，可以刺激皮质腺的正常分泌，维持和调节皮脂的平衡，可以促进头部的血液循环，增强表皮组织的新陈代谢，使头发滋润滑顺，易于梳理，闪耀健康光泽，防止皮脂腺的阻塞，消除疲劳，保持头发的弹性和美丽。

（3）提高自信

当今的现代人社交比较频繁，然而大家都有着同样的体会，就是一头干净的秀发能够美化自身的形象，净化人的心灵。它会使人始终保持一种良好心态和高度的自信，也容易赢得对方的好感，提高办事的效率。

（4）有助造型

拥有一头健康飘逸的秀发，是需要有清洁的发质作基础的，只有清洁的发质才能梳理出时尚、前卫、漂亮的发型，只有在清洁、干净的发质上，才能支撑起蓬松、飘逸，富有动感的发型。在沾满油腻、粉尘、污垢的头发上是很难做出各式各样理想造型的。

（二）洗发操作知识

1. 洗发前安全提示

①洗发前将双手洗干净。

②为顾客围好披肩，让顾客摘下耳环、项链。

③搔头皮时动作要适中，不要让顾客的头部来回摇摆。

④洗发后要保护好自己的双手，涂抹护手霜。

2. 为顾客洗发注意事项

①不要让洗发液溅到顾客的眼睛里。

②在给顾客冲水前要先试水温，水温不要太热，以免失去头发里的多余水分。

③以指肚按摩头部，力量要适中，不要用指甲抓头皮，否则会抓伤头皮。

④注意不要使顾客的脸、脖子、衣领部位沾到水，尤其不要将泡沫溅到顾客脸上或者

是将水流入顾客耳内。

⑤擦干头发时动作要轻,头发打结时不要用力拉。

⑥当你洗发和按摩头皮的时候,要关掉水,注意节约用水。

⑦如果你把洗发液或水溅到地板上,要及时擦掉,以免别人滑倒。

3. 洗发后的清理工作

洗发完成后千万要注意的就是,对洗发中所用过的东西及物品进行清理,不要将所用过的东西随便地堆放在那里,这样会影响室内环境,也不符合卫生要求。用过的东西如果不及时清理消毒,就会容易传播细菌,危害人体健康。为了保持良好的卫生环境,洗发操作完成后应做下列工作:

①扔掉用过的东西,将需要清洗和消毒的工具及用品放在加盖的容器中。

②将洗发过程中没用过的东西归位,并码放整齐。

③将发梳及发刷里的毛发及杂物清理掉,并用清水冲洗干净放置于消毒柜中待用。

④清洗并消毒洗发盆,将自己的双手洗干净。

(三)洗发产品知识

1. pH值

pH(含氢量)是一种测量单位,表示一种物质是酸性、中性还是碱性。所以pH值也叫酸碱度。如果一种溶液中的正氢离子比负氢氧化物离子的含量多,它就呈酸性。如果溶液中的负氢氧化物含量较高,它就呈碱性。如果二者的含量相等,溶液就呈中性。

pH值的数值范围从0到14,7代表中性。数字小于7的表示酸性,大于7的表示碱性。大多数专业洗发水和护发素属于酸性平衡。作为一名职业形象设计师,你就要选择能使头发和皮肤的酸性保持在4.5~5.5之内的产品。懂得了pH值的知识,就有助于使你保持头发、皮肤和头皮始终处于最佳状态。另外,正确阅读产品标签,为顾客选择合适的产品,也需要具备足够的pH值知识。

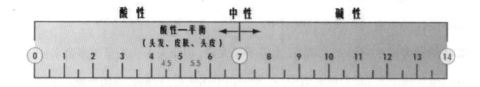

2. 洗发水（见表1-1-2）

表1-1-2 各种洗发水简介

类型	特性	作用
通用洗发水	含少量碱和少量的表面活化剂	用来清洁头发,而不改变头发的任何状态。它们也不会洗掉头发的颜色,性质很温和。有些甚至有抗真菌和去头皮屑的作用
酸性（不脱色）洗发水	它的pH值与头发和皮肤的酸碱度相同（4.5~5.5）,几乎所有类型的头发都可使用	一般用于清洁经化学处理的头发,而不会去掉头发中的永久性染发剂。对漂过的、干燥的及受损的头发一定要使用温和的酸性洗发水
"简易"洗发水	通常效力很强,含有大量的碱性或皂基物质	对特别健康的未经任何化学服务的自然头发来说,使用效果很好,但不提倡用于经历过化学服务或受损的头发中。使用这种洗发水后,一定要接着使用一种酸性溶液来恢复头发和头皮的酸碱平衡
无皂洗发水	不含强碱性成分,能够起泡沫。这种洗发水是将合成洗涤剂中的油分用硫酸处理,产生一种被称为湿润剂的物质	这些无皂洗发水或表面活化剂在软水和硬水中都很有效,而且很容易冲洗
药用洗发水		它们所含的成分可以治疗头发或头皮出现的问题
澄清洗发水	通常含有大量的碱性物质	能够去掉头发中的遗留物,比如产品集结、灰尘等
去头皮屑洗发水	分为干性头皮适用和油性头皮适用的去头皮屑洗发水,含有抗真菌或杀菌成分及护发素,能控制头皮屑生长和细菌繁殖	在使用这类洗发水时,一定要遵循生产商的使用说明,充分按摩头皮,并彻底冲洗
护发洗发水	这类洗发水含有少量的动物、植物或矿物添加剂,它们能渗入头发的皮质或覆盖到表皮层上	这些添加剂可以改善头发的抗拉强度和多孔性,一般下次洗发就会被洗掉。而其中的蛋白质可经过数次洗发
染发洗发水	含有临时性颜色分子,可附着在头发的外表皮层并沉积颜色	这些洗发水的作用在于改善头发颜色,每洗一次头发就会褪掉一些颜色
防脱发洗发水	是一种温和的洗发水,分子重量较轻,不会引起头发损伤或脱发	也可能含有某些成分,为头发提供健康的生长环境,以获得最大的发量

3. 材料及用具

领巾、毛巾、洗发用披肩、发梳与发刷、洗发剂、护发素。

二、工作过程

(一) 工作标准 (见表1-1-3)

表1-1-3 一般洗发工作标准

内容	标准
准备工作	工作区域干净整齐,工具齐全,码放整齐,仪器设备安装正确,个人卫生仪表符合工作要求
操作步骤	能够独立对照操作标准,使用准确的技法,按照规范的操作步骤完成实际操作
操作时间	在规定时间内完成任务
操作标准	能够完成操作流程,手法使用正确,头发、头皮表面无残留污渍,操作过程中使用礼貌用语,操作姿势视觉效果舒服,符合计划要求
整理工作	工作区域干净整洁无死角,工具仪器消毒到位,收放整齐

(二) 关键技能

1. 保护措施

工具消毒

使用的工作器具必须经过消毒。

注意:毛巾、围布、客袍、发梳等物品给客人使用过后必须经过洗涤、杀菌、消毒。为了避免交叉感染,不能将未经消毒的物品给客人重复使用。

围洗发专用围布

双手将围布打开,由右侧轻轻搭在客人肩上,移动至顾客后颈部连接搭扣或挂钩,同时调整至左右对称,将顾客上半身衣物全部遮盖。

围布左右两端对称,底边与水平线平行,整体效果平整服帖无明显褶皱。

注意:连接搭扣或挂钩时拉扯力度要适中。

存储客人物品

从顾客头发上取下所有的发夹，并要求顾客取下项链、耳环、眼镜。

注意：收取物品时轻拿轻放，小心保护；取下的物品应放置于储物盒中，并告知客人具体件数及存放何处。

检查顾客的头发及头皮状况

观察或借助仪器仔细检查发质状况，并询问客人有没有对某种产品或某种成分过敏。

注意：如果有过敏史则需要特别注意，反之即可正常操作。

选择适合顾客头发性质的洗发剂。

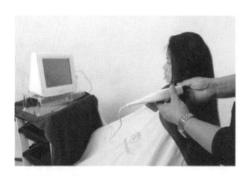 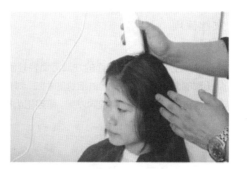

围毛巾

围第一条毛巾。将围巾打开,整个毛巾围贴平整。将客人的头发全部放在毛巾外面,双手将毛巾的中央窝进客人的衣领,左侧方法相同,直至毛巾搭在前面的两个角与地面成一条水平线,整个毛巾服帖平整。

围第二条毛巾,与第一条毛巾的方法相同,操作方向由后向前,先包裹整个衣领部位,直至将顾客肩部以上衣物全部遮盖。

注意:衣领部位包裹紧实充分,无松脱;胸前对接缝与人体中心线对齐;毛巾左右两端对称,底边与水平线平行;整体效果平整服帖无明显褶皱。围布、围巾围好后与顾客颈部之间预留一至二根手指宽度的空间,或询问顾客对舒适度的要求后调整围布的松紧程度。

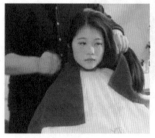  

2. 刷发

发丝梳理

梳发的作用:

可以将头发表面及头皮表面的油渍污垢轻轻刮去。

使头部的血液循环加快,促进细胞的生长,对接下来的洗发有很大帮助。

用宽齿梳梳理头发,自发根向发尾。再用密齿梳再次刷发,自发根向发尾轻轻移动。

注意：一手拿住梳子，一手轻轻扶住顾客头部。梳理头发时力度适中，以免给顾客带来拉扯发根造成的疼痛感。

分区、分段梳理，以打开所有发结，使头发通顺。

注意：梳齿接触到头皮时特别小心以免造成头皮损伤而导致后续工作的终止。

3. 洗发

测试水温

打开水龙头，测量水温。
注意：保持水池的卫生，排水通畅。
用自己手腕内侧接触水流测试温度。
选用温水洗发，不可将未经调试的水流直接冲向顾客头部。

冲洗头发

水温调试好后,轻轻冲到客人的头部,先将头部头皮及头发沿着发际线将头发冲湿。

注意:喷头要向下倾斜,用一只手挡住水流,避免水流溅到脸部;洗发时所用的工具及物料放置在随时可拿到的地方;开始时要向顾客询问水温是否适中。

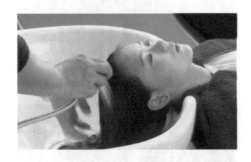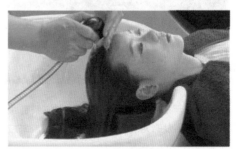

涂放洗发液

取适量洗发液:根据顾客头发的长短及使用产品的特点来选择洗发液的用量。

注意:不要使用太多的洗发液,洗发液使用得太多会伤到顾客的头发,又会造成浪费。

稀释洗发液:将洗发液在手心里揉开,利用少量清水将其稀释。

注意:洗发液大多为碱性产品,直接涂抹到头发上会造成头发干枯,所以在使用前要进行稀释。

将洗发液涂抹在顾客头发上:双手将洗发液均匀地涂在头发上。

注意:从头部两侧开始涂抹,力度要轻。

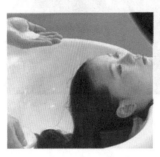

打沫

十指同时向自己的方向打圈搅拌,边打圈边加水,逐步让洗发水与清水混合形成泡沫,充分打出泡沫,使泡沫丰富,轻轻用一只手将客人的头托起,并示意客人躺在自己的手上,将后脑部位全部涂抹泡沫,关闭水龙头。

注意:打沫时注意加水量,打圈搅拌动作要熟练快捷。

搓洗头发

搓洗前额：从前额发际线中心点开始，用拇指左右交错分别向下两侧轻滑揉搓。

注意：力度要适中，速度均衡。

前额至顶部：双手交叉从前额发际到顶部滑动揉搓。插入头发内部，紧贴头皮揉搓。

注意：力度要适中，速度均衡，可随时询问顾客的感受。

两鬓至枕骨：双手张开从两鬓发迹边缘向枕骨方向来回揉搓，两鬓轻轻用两个手指揉搓。

注意：起始时力度要轻，不要让顾客的头部有向下的压迫感。

耳后发际线至枕骨：单手轻抬顾客头部，另一只手从后发际线开始到枕骨上方上下揉搓，两手交替进行，将后脑头部的头发清洗干净。

注意：一定要平稳地托住顾客的头部，不能使顾客的头部来回摆动。

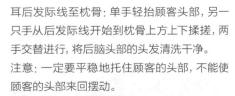

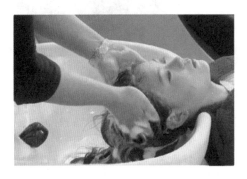

耳上至后发迹线：从耳上两侧发际线上下揉搓到后枕骨。头顶部位用四个手指向下揉搓，以上部位可重复揉搓。

注意：力度不要过大，注意不要碰到耳朵部位。

冲水

冲洗两鬓：一手握住喷头，另一只手轻轻挡住客人耳朵，水流向下冲洗。

注意：速度要慢，避免水流进到耳朵。

冲洗前额：调试水温后，一手握住喷头另一只手轻挡住客人额头，水流方向向下冲洗。

注意：速度要慢，避免水溅到顾客脸上。

冲洗头顶部：可将手指插入头发，进行抖动，帮助水流将泡沫冲洗掉。

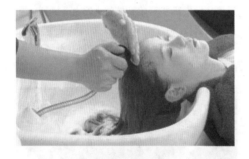

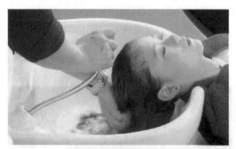

冲洗后脑：转至侧位，一只手拿住喷头，另一只手插进头发内部，进行抖动。此时，轻拍水流，帮助水流更好地清洁头发。

冲洗后颈部：一只手将头发全部拿起，同时握住喷头，使喷头的水流向下流，另一只手沿顾客后发际线迅速向上托水，防止水流灌进顾客衣领里，重复以上动作，将头发冲洗干净。

注意：冲洗要透彻，动作要平稳。

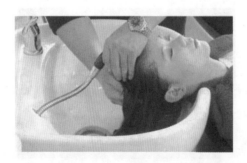

4. 使用护发素

护发素取量

护发素取量: 提取护发素时要根据顾客头发的长度来取量。

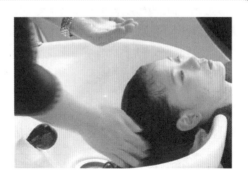

涂抹护发素

涂抹护发素: 将护发素放在一只手中, 另一只手逐次擦取, 擦取一部分涂抹一次, 由前额至头顶, 由两侧至后发际线。

注意: 涂抹时力度要均匀, 不可让顾客头部感觉有压迫感。

揉搓

护发素揉搓: 双手手指叉开, 从两侧至头顶, 从后发际线至枕骨轻轻揉搓。若顾客是长发, 可将多余的护发素涂抹在发干或发尾并进行揉搓。

注意: 由前额至后脑, 揉搓时动作要慢, 力度要适中, 手指不停地向内侧打圈, 可以随时询问顾客的感受, 按摩可促进头部血液循环, 也可让护发素充分的反应。

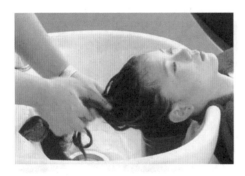 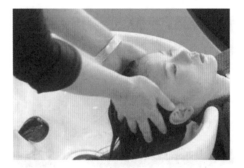

彻底冲水

与洗发相同,按操作技术规范,完成护发
素的冲洗清洁。

5. 包头

毛巾包头发

先将毛巾的一侧折起,宽度大约在5厘米左右,转至侧部,将毛巾搭在客人的头部,轻轻擦拭耳朵周围的水渍。

用折好的一边沿顾客发际线进行包裹,起始点在耳上一侧沿着发际用毛巾围绕客人头部包紧。

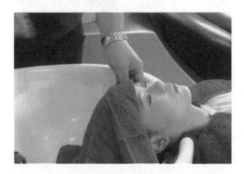

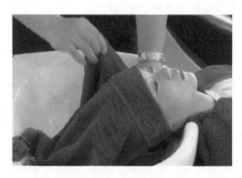

交叉点处用毛巾折边别住即可。
注意:所有头发都要包裹在毛巾里,不要有碎发露在外边。松紧适度,不要让客人感觉到不适。

将另外一个毛巾角塞入折边,整理毛巾的形状。

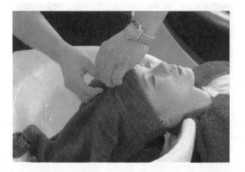

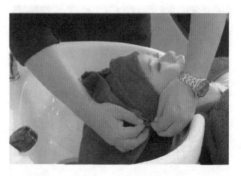

帮助顾客起身, 轻抬起客人后颈部并告诉客人洗头完毕示意顾客起身。

一只手托起顾客颈部, 防止颈部拉伤, 另一只手扶住顾客的肩背。

注意: 提醒顾客动作要慢, 不要用力过猛。

 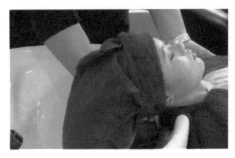

(三) 操作流程

接待顾客

针对顾客需求进行沟通交流, 制定本服务流程的操作方案。

询问顾客的要求、喜好及基本信息, 针对顾客的要求给予适当的建议, 最终确定洗发方案。

保护措施

按操作规程完成毛巾、围布、发质测试、保护措施的操作。

刷发

根据顾客头发及头皮的情况进行刷发。

将顾客引至洗发区后的安置

将顾客引至洗发区，坐好以后，将客人头发托起，轻轻托住客人背部，让其慢慢躺下，然后将客人的脚放好。

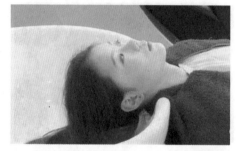

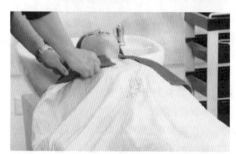

洗发

将顾客引领至洗发区按冲水、涂洗发液、打沫、揉搓等规范流程进行操作。

使用护发素

将护发素均匀涂抹在顾客头发上，按顺序进行揉搓并冲洗。

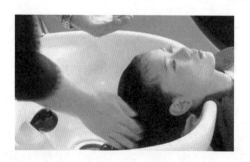

包头

按操作规范完成毛巾包头。

洗发完毕

将顾客头发包裹完毕,根据顾客需求可进行修剪、吹风造型等收尾工作。

盘点产品,整理工具、工作区域,为接待下一位顾客做好准备。

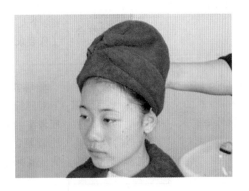

 ## 三、学生实践

(一) 布置任务

1. 洗发前准备工作

任务要求:美发实训室,两人一组,在20分钟内进行洗前准备工作,并考虑以下问题:

①为何要把顾客安全放在首位? 说出理由。

②毛巾、围布消毒的工作流程是什么? 记录下来。

③为什么洗发前要进行刷发? 说出理由。

④你应该怎样保护客户的私人物品,你是怎么做的?

2. 一般洗发操作

任务要求:美发实训室,两人一组,在50分钟内进行洗发操作,并考虑以下问题:

①你是如何选择洗发液的?

②你顾客头发的长度是多少,刷发是怎么进行的?

③你制定的洗发方案是什么?

④冲水时是否可以将水溅到顾客脸上，如果溅到顾客脸上应该说什么，做什么？

（二）工作评价（见表1-1-4）

表1-1-4　一般洗发工作评价标准

评价内容	评价标准			评价等级
	A（优秀）	B（良好）	C（及格）	
准备工作	工作区域干净整齐，工具齐全，码放整齐，仪器设备安装正确，个人卫生仪表符合工作要求	工作区域干净整齐，工具齐全，码放比较整齐，仪器设备安装正确，个人卫生仪表符合工作要求	工作区域比较干净整齐，工具不齐全，码放不够整齐，仪器设备安装正确，个人卫生仪表符合工作要求	A B C
操作步骤	能够独立对照操作标准，使用准确的技法，按照规范的操作步骤完成实际操作	能够在同伴的协助下对照操作标准，使用比较准确的技法，按照比较规范的操作步骤完成实际操作	能够在老师的指导帮助下，对照操作标准，使用比较准确的技法，按照比较规范的操作步骤完成实际操作	A B C
操作时间	在规定时间内完成任务	规定时间内在同伴的协助下完成任务	规定时间内在老师帮助下完成任务	A B C
操作标准	能够完成操作流程、手法使用正确、头发、头皮表面无残留污渍，操作过程中使用礼貌用语，操作姿势视觉效果舒服，符合计划要求	能够完成操作流程，手法使用正确，头发、头皮表面无残留污渍，能够按照计划要求完成操作	能够完成操作流程，手法使用正确，头发、头皮表面无残留污渍	A B C
整理工作	工作区域干净整洁无死角，工具仪器消毒到位，收放整齐	工作区域干净整洁，工具仪器消毒到位，收放整齐	工作区域较凌乱，工具仪器消毒到位，收放不整齐	A B C
学生反思				

四、相关知识

头发有哪些特性

①一般人约有10万根头发,人类的头发依种族和发色的不同,数量也略有差异。黄种人约有10万根;金色头发的白种人头发较细,约有12万根;红色头发略粗,有8~9万根。儿童期的头发以头顶部最密,而两侧颞部稍稀些。

②头发每个月平均生长约1厘米。

③平均每个人每天会脱落50~100根头发。

④头发的直径为0.05~0.15毫米,亚洲人的头发比西方人的头发更粗。

⑤头发具有弹性,一根健康的头发在潮湿及牵拉时可增加30%的长度,干燥后可恢复到原来的长度。

⑥不同人种头发的形状各不相同。

头发有哪些功能

头发在人体中的功能虽然没有心脏、肾脏等生命中枢器官显得重要,但其也担当着不可或缺的作用。

它能够保护头皮,减少和避免外来的机械性(如摔、碰、砸、打等)和化学性(如酸、碱等)损伤;缓冲对头部的伤害;阻止或减轻紫外线对头皮和头皮内组织器官的损伤;对头部起着保温和防冻作用;排泄作用,人体内的有害重金属元素如汞,非金属元素如砷等都可从头发中排泄到体外;代谢作用,为皮脂腺和汗腺的分泌物提供出路以及冬季保暖、夏季散热等作用。头发又是外表健美的重要标志之一,一头浓密漂亮的头发给人以美感,并能增加人的自信心。

毛发的性能

人体的毛发根据形态大体可分为两类:一类是极为纤细的绒毛即汗毛(vellus hair),一类是略粗的肉眼可见的末端毛(terminal hair)。

人体除手掌和脚掌以外,周身都被汗毛包裹着,它的数量可达到五百万根,但不仔细观察很难发现;末端毛大部分分布在头部即头发,还有眉毛、睫毛、阴毛以及腋毛等。

毛发的主要功能：

①可以控制体内的散热，保持体温。

②第二性征的标志。

③保护皮肤，降低来自外界的损伤。

④健康的一般指示之一。如患有甲状腺疾病、荷尔蒙分泌异常、身体营养不良、铁元素缺乏、精神压力大等，都可能导致脱发。

⑤感触功能。人体受到轻微的刺激，毛发都会感知和反应。

⑥体内热量过多时，可通过膨胀的汗毛孔以汗珠的形式发散。各汗毛所连接的皮脂腺可通过纤维肌肉的收缩分泌油脂，对皮肤起到润滑和防护作用。

项目二 烫发洗发技术

项目描述：

洗发除作为独立的服务项目外，还是其他美发项目的重要步骤。本项目将要学习烫发过程中的洗发技能。在烫发操作过程中，洗发分为烫前洗发、冲洗冷烫精和烫后洗发。洗发质量的高低，直接影响烫发的质量。

工作目标：

①能够描述烫后洗发原理、种类。

②能够介绍典型产品的类型。

③能够描述烫后洗发的操作流程及手法。

④掌握为顾客提供保护措施（毛巾、客袍）的操作手法。

⑤掌握为顾客洗发过程中试水温、打湿头发、涂洗发水、揉搓、冲水、再冲水、包头等操作手法。

⑥掌握在服务过程中要对顾客微笑、使用礼貌用语，学会正确的站姿，掌握接待顾客、与顾客交流及进行产品介绍的能力。

一、知识准备

（一）洗发基础知识

1. 头发的物理性质

头发的形状：可分为直发、波浪卷曲发、天然卷曲发三种。直发的横截面是圆形，波浪卷曲发横截面是椭圆形，天然卷曲发横截面是扁形。头发的粗细与头发属于直发或卷发无关。

头发的吸水性：一般正常头发中含水量约占10%。

头发的弹性与张力：头发的弹性是指头发能拉到最长程度的能力，拉完后头发仍然能恢复其原状。一根头发可拉长40%～60%，此伸缩率决定于皮质层。头发的张力是指头发拉到极限而不致断裂的力量。一根健康的头发可承受100～150克的重量。

头发的多孔性：头发的多孔性是就头发能吸收水分的多寡而言，染发、烫发均与头发的多孔性有关。

头发的热度：头发的热度与头发的性质有密切的关系，一般加热到100度，头发开始有极端变化，最后碳化溶解。

2. 烫后洗发

烫发后两三天才可以洗头。过早洗发会使烫发的效果大大降低。为了不影响烫发后发型的形状，洗发后应让头发在室内自然风干。

烫发过程中，烫发药水会把头发大部分的营养破坏，导致头发营养大量流失。因此，洗发的时候要注意尽量使用温水洗头，并且要配合能够补充头发营养的洗护产品，这样才能让头发快速恢复原来的能量和活力。

在洗发时选择质量较好的（碱性低的）洗发水洗发，然后用护发素加以养护，以保持头发质地柔软，蓬松光亮，增加发花的牢固性。

（二）洗发操作知识

1. 为顾客围围布

①一般来说，在洗发、湿发剪发、湿发造型及化学服务时，通常使用一条毛巾和一件塑料或防水围布。这种围布能够保护顾客及其衣服在服务期间不被打湿或受损。

②如果在洗发后要剪发，那么通常要使用护颈条，而不是毛巾。护颈条不像毛巾那么厚，会让头发自然落下。在干剪时也可使用护颈条，防止落下的碎发嵌入顾客的衣服内。

③在干发造型或干剪时常常使用保护围布，这种保护围布的重量较轻，因此顾客比较舒服，而且干头发能比较容易地滑落到地上。

2. 头部按摩

头部按摩指的是在头皮上进行推拿术，达到放松肌肉和刺激血液循环的目的。在头部按摩时应注意：

①动作要镇定、有节奏。

②在整个按摩期间始终与顾客保持沟通，给顾客一种放松或刺激的感觉。

③按摩要用力，发挥最佳的按摩效果，赢得顾客的信任。

④指甲长度要适中，以免刮伤头皮。

（三）洗发产品用具知识

1. 洗发水的主要成分

①表面活性剂：起清洁作用。

②调理剂：包括阳离子调理剂、硅油等，主要改善梳理性，使头发柔顺，有光泽。

③香料、防腐剂。

2. 二合一洗发水与单洗洗发水的区别

二合一洗发水是把洗发与护发成分合二为一的洗发水，由于其中添加了护理头发的成分，洗后头发有较好的梳理性，柔顺光滑；单洗洗发水的成分主要是起清洁作用的表面活性剂，只起着清洁头发的作用，一般需与护发素配用。

3. 洗发液去污原理

有污垢的头发

把洗发液倒在有污垢的头发上进行洗发时，洗发泡沫就会附着在头发的表面。

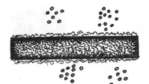

附着在头发及头皮上的污垢被洗发液的粒子包围，这些粒子会把污垢从毛发及头皮上拉开，分散在洗发剂里。

洗发剂的粒子会取代污垢附着在头发及头皮表面，防止被拉开的污垢再度附着在头发上。

经过冲洗，污垢同洗发液一起被冲掉，头发就会干净。但即使冲洗得很干净，头发上也会残留一些洗发液的粒子，要用一些护发素以达到中和作用。

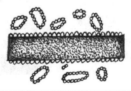

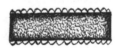

二、工作过程

(一) 工作标准 (见表1-2-1)

表1-2-1 烫发洗发工作标准

内　容	标　准
准备工作	工作区域干净整齐, 工具齐全, 码放整齐, 仪器设备安装正确, 个人卫生仪表符合工作要求
操作步骤	能够独立对照操作标准, 使用准确的技法, 按照规范的操作步骤完成实际操作
操作时间	在规定时间内完成任务
操作标准	能够完成操作流程, 手法使用正确, 头发、头皮表面无残留污渍, 操作过程中使用礼貌用语, 操作姿势视觉效果舒服, 符合计划要求
整理工作	工作区域干净整洁无死角, 工具仪器消毒到位, 收放整齐

(二) 关键技能

1. 清洗头发

冲湿头发

沿着发际线将头发冲湿。

注意: 喷头要向下倾斜, 用一只手挡住水流, 避免水流溅到脸部; 洗发时所用的工具及物料放置在随时可拿到的地方。

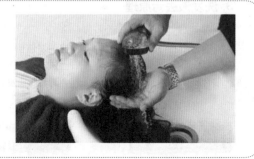

打沫、轻搓

打沫、轻轻搓洗; 双手同时向自己的方向打圈搅拌, 边打圈边加水, 逐步让洗发液与清水混合形成泡沫, 充分打出泡沫, 使泡沫丰富。

注意: 烫发前洗发只使用洗发水, 不能涂放护发素, 护发素会影响烫发药水发挥功效; 烫发前洗发的力度一定要轻; 只能用指肚部位轻搓顾客头皮, 否则会对顾客的头皮造成划痕或伤害, 甚至导致后续的烫发过程无法进行。

2. 冲洗发卷上的冷烫精

除去保护措施

除去棉条、耳罩等保护措施。

注意：摘除保护措施时动作要熟练，避免对发际边缘的发卷有挂带现象，否则会连带发卷一起拉扯发根，给顾客带来疼痛感。

挂带发卷还可以使已经卷好的头发变形，影响烫发效果。

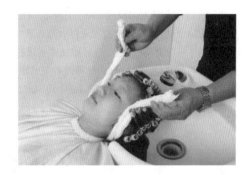

调试水温

首先，调试水温。

冲水

冲洗前额发卷：

调试水温后，一手握住喷头另一只手轻挡住客人额头，水流方向向下冲洗卷杠。

注意：速度要慢，避免水溅到顾客脸上。

冲洗两鬓发卷：

一手握住喷头，另一只手轻轻挡住顾客耳朵，水流向下冲洗。

注意：速度要慢，避免水流进顾客耳朵里。

冲洗后部发卷：

转至侧位，轻轻将头部托起，一手放在颈部位置，支撑住头部，并挡住水流，另一手握住喷头，水流随着手部的移动而移动，着重冲洗发迹线边缘的卷杠。重复以上动作。

注意：冲洗要透彻，动作要平稳。

毛巾吸水

首先用干净厚实的毛巾轻轻地铺在顾客的头上,双手轻按毛巾,利用毛巾的边角在卷杠上轻轻沾拭。重复以上动作,直至卷发上没有水滴滴下为止。

更换毛巾,将顾客头部包裹,轻轻擦拭顾客耳部,将头部抬起。

注意:顾客起身前用毛巾仔细地将发卷上的水分尽量吸干,否则在顾客起身时多余的水分会流到顾客脸上,更多地吸走水分还可以使中和剂渗透效果更好。

顾客起身后再次提供保护措施。

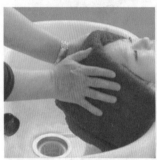

重置保护措施

认真仔细地围好棉条,戴好耳罩,否则涂放中和剂时还有可能流到顾客脸上或眼睛里。

3. 拆卷后洗发

冲水、涂抹烫后护理产品

将烫发水彻底冲净,涂抹烫后护理产品。

注意:将头发上的冷烫精、中和剂彻底用清水冲洗干净,不能用洗发水清洗,否则会影响头发的卷度。涂抹产品要均匀。

揉搓

烫后护发产品揉搓，双手手指叉开，从两侧至头顶，从后发际线至枕骨轻轻揉搓。

注意: 揉搓时动作要慢, 力度要适中, 可以随时询问顾客的感受, 揉搓过程中不要用力拉扯头发, 因为刚刚烫卷的头发内部结构还不十分稳定, 用力拉扯有可能使发卷变直。

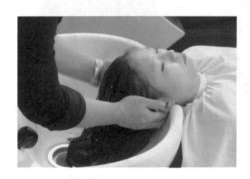

擦干

用毛巾将头发擦干, 并带顾客至修剪发区。

（三）操作流程

接待顾客

针对顾客需求进行沟通交流，制定本次服务流程的操作方案。

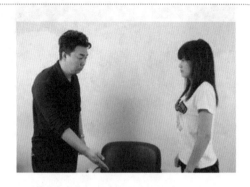

保护措施

按操作规程完成毛巾、围布、发质测试、保护措施的操作。

洗发

将顾客引领至洗发区按冲水、涂烫发洗发液、打沫、揉搓等规范流程进行操作。

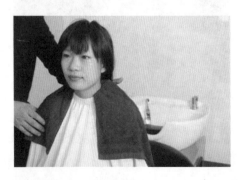

冲洗冷烫精

按要求分区域冲洗发卷并重置保护措施。

涂放烫后护理产品

将烫后护发产品均匀涂抹在头发上,按顺序进行揉搓。

彻底冲水

按操作技术规范,完成烫后护理产品的冲洗清洁。

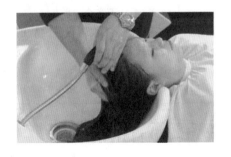

烫发完毕

将顾客头发包裹完毕,根据顾客需求可进行修剪、吹风造型等收尾工作。

 三、学生实践

(一) 布置任务

1. 烫发洗发准备工作

任务要求:美发实训室,两人一组,在20分钟内进行烫发前洗发准备工作,并考虑以下问题:

①烫发时要为顾客提供哪些保护措施? 说出各种措施的功能。

②烫发前洗发的注意事项是什么? 记录下来。

③为什么烫发前洗发要轻轻揉搓? 说出理由。

④你应该在烫发前向客人提示什么,帮助他做什么?

2．烫发洗发操作

任务要求：美发实训室，两人一组，在50分钟内进行洗发操作，并考虑以下问题：

①你制定的洗发方案是什么？你是如何冲洗烫发水的？

②第二次保护措施怎么进行的？

③拆卷后有没有用洗发水洗发，你是怎么操作的？

④顾客离店前你应提示顾客哪些事情？说出理由。

（二）工作评价（见表1-2-2）

表1-2-2　烫发洗发评价标准

评价内容	评价标准			评价等级
	A（优秀）	B（良好）	C（及格）	
准备工作	工作区域干净整齐，工具齐全，码放整齐，仪器设备安装正确，个人卫生仪表符合工作要求	工作区域干净整齐，工具齐全，码放比较整齐，仪器设备安装正确，个人卫生仪表符合工作要求	工作区域比较干净整齐，工具不齐全，码放不够整齐，仪器设备安装正确，个人卫生仪表符合工作要求	A B C
操作步骤	能够独立对照操作标准，使用准确的技法，按照规范的操作步骤完成实际操作	能够在同伴的协助下对照操作标准，使用比较准确的技法，按照比较规范的操作步骤完成实际操作	能够在老师的指导帮助下，对照操作标准，使用比较准确的技法，按照比较规范的操作步骤完成实际操作	A B C
操作时间	在规定时间内完成任务	规定时间内在同伴的协助下完成任务	规定时间内在老师帮助下完成任务	A B C
操作标准	能够完成操作流程，手法使用正确，头发、头皮表面无残留污渍，操作过程中使用礼貌用语，操作姿势视觉效果舒服，符合计划要求	能够完成操作流程，手法使用正确，头发、头皮表面无残留污渍，能够按照计划要求完成操作	能够完成操作流程，手法使用正确，头发、头皮表面无残留污渍	A B C

续表

评价内容	评价标准			评价等级
	A（优秀）	B（良好）	C（及格）	
整理工作	工作区域干净整洁无死角，工具仪器消毒到位，收放整齐	工作区域干净整洁，工具仪器消毒到位，收放整齐	工作区域较凌乱，工具仪器消毒到位，收放不整齐	A　B　C
学生反思				

 四、知识链接

选购洗发水的小常识

①先看包装，一般好的洗发液包装都很精致，做工很细，用的材质塑料都很硬，且色彩用得很正而且柔和，接口处严密，无裂痕，上面的字都印得很清晰。

②闻香味，越好的洗发液味道越淡而且接近自然的味道，比如水果味，清淡不冲鼻，而且用后持久幽香。

③看泡沫，一般好的洗发液很好打泡，用一点点加一些水就能起很多泡沫，而且泡沫越细越好。

④看洗发液的膏体是否细腻，越好的越细腻，不会存在疙疙瘩瘩，而且膏体连贯，黏性大，流的时候黏黏的，流动不快；也有极少数的洗发液添加了植物或者生物成分，并引起不连贯效果，不过这些成分对头发是非常有益的。

⑤极易冲洗干净，冲的时候很容易就冲洗干净，而且没有黏腻的感觉。

⑥用完后的感觉，应该头发轻盈，而且自然顺滑，不会有梳不通的现象。

市场上洗发液的价格差别并不大，超市里的洗发液基本上都是属于中档系列，比较适合大众的口味。

项目三　染发洗发技术

项目描述：

在上一个项目，我们学习了如何在烫发中进行洗发。在美发重要项目——染发中，洗发也有特殊的要求，是非常关键的步骤之一，直接影响染发的最终效果。染发洗发对于专业技术人员来讲是一项必不可少的专项技能。在这一项目中，我们将学习如何完成染前、染后洗发的操作。同学们应结合实际操作，熟练掌握染发洗发的相关知识和技能。

工作目标：

①能够描述染发洗发原理、种类。

②能够介绍染发洗发典型产品的类型。

③能够描述染发洗发的操作流程。

④掌握为顾客提供保护措施（毛巾、客袍、保鲜膜）的操作手法。

⑤掌握为顾客洗发过程中试水温、打湿头发，乳化、冲水、涂洗发水、揉搓、放护发素、再冲水、包头等操作手法。

⑥掌握在服务过程中要对顾客微笑、使用礼貌用语，学会正确的站姿，掌握接待顾客、与顾客交流及进行产品介绍的能力。

一、知识准备

（一）洗发基础知识

在染发前洗发，会因皮脂被洗去而产生刺激，因此通常在染发前不洗发。但在使用酸性染发剂的场合,毛发上若留有皮脂,色素就难以附着,会引起上色不匀及染后色彩较浅。故在酸性染发前,和烫发一样也需要先洗发。

染后洗发,重要的是将残留在毛发上多余的药剂除去。此时使用的洗发剂,只需有温和的去污力,但必须有较高的调理效果。特别是在酸性染发后的场合,为了避免把刻意染成的颜色洗掉,应选择低pH值的洗发剂。

(二) 洗发操作知识

洗发前的头发梳理

在洗发之前,通常要将头发梳顺。洗发后通常用宽齿梳或塑料刷慢慢梳理头发,可消除湿发中的打结头发。

①一定要从结发区的最低处开始。

②从发尾开始,逐步向头皮梳理,梳子向下穿过头发。

③继续梳理这个区域,直到所有结发都已梳通。

④立即在第一个分区基础之上划分出另一个分区。

⑤使用同样程序操作,先从发尾开始。

⑥使用同样程序完成整个冠顶和侧面,最后完成顶部分区。

(三) 洗发产品用具知识

1. 染后洗发液的成分及功效 (见表1-3-1)

表1-3-1 染后洗发液成分简介

物质	功效
紫外线过滤膜	让颜色更加持久
维他命E	增加颜色持久度
活性麦蛋白	顺滑纤维,柔顺发质,平衡头发所需水分
氨基酸	补充发丝纤维因化学过程流失的蛋白质,顺滑头发表皮
胶原因子	重建发质内在物质,强化纤维,柔顺表皮层
维他命B6	活化发质纤维
蛋白质衍生物	顺滑纤维,柔顺发质

2. 怎样鉴别洗发液的质量

①外观：透明洗发液应该清澈透亮，没有沉淀物，即使在0℃时也不出现混浊；乳浊型洗发液应均匀一致，珠光型洗发液需有绸缎般的闪亮珠光。洗发液需有一定的黏稠度，一般黏度应在4000~10000cP[①]，并且随温度的变化没有太大差异，这样才会给使用带来方便。

②稳定性：由于洗发液成分复杂，在存放和使用过程中经常出现不稳定情况，主要表现在：黏度下降、透明洗发液出现混浊或产生沉淀、乳浊，珠光型洗发液出现絮状甚至分层，或者硅油上浮、ZPT下沉等。组分之间的相互作用或表面活性剂发生水解，以及微生物引起腐败变质、产品变色等。

③去污效果与梳理性：洗发液应具有一定的去污能力，但去污力不宜太强。一方面头发和头皮表面的污垢较容易去除，另一方面如把头发自身分泌的护发油性成分洗去太多，这样不但头发会受到损伤，而且干燥的头发表面梳理时摩擦力加大，梳理性变得很差。

3. 洗发剂与水质

洗发时除了洗发剂有区别之外，水质、水温的选择也是极为重要的，水分硬水和软水两种。

水存在着丰富的化合物，水中溶有大量的可溶性矿物质，如钙、镁的金属氯化物或硫酸盐等称"永久硬水"，含过量的酸或碳酸钙、碳酸镁等称为"暂时硬水"。后者可以利用煮沸法去除矿物质使之成为软水，前者则必须加药品或利用离子交换法才能转化为软水。

洗发时，硬水因含过量矿物质使洗发精呈不溶性，杂质黏附在头发上，使头发干涩。软水内含极微的矿物质，洗发后头发光滑柔软。

水温以38℃~42℃最理想，太烫的水温容易使头发受损。

4. 选择洗发精的条件

①使污垢能够脱落。

②有好的起泡力。

③不刺激头皮及手部。

④能使头发富有弹性、柔软性和光泽。

5. 洗发材料及用具

领巾、毛巾、洗发用披肩、发梳、染后洗发剂、染后护发素。

---

① cP为旧的黏度单位，标准黏度单位为Pa·s（帕·秒），1Pa·s=10^3cP。

二、工作过程

(一) 工作标准 (见表1-3-2)

表1-3-2　染发洗发工作标准

内容	标　准
准备工作	工作区域干净整齐, 工具齐全码放整齐, 仪器设备安装正确, 个人卫生仪表适合符合工作要求
操作步骤	能够独立对照操作标准, 使用准确的技法, 按照规范的操作步骤完成实际操作
操作时间	在规定时间内完成任务
操作标准	能够完成操作流程、手法使用正确, 头发、头皮表面无残留污渍, 操作过程中使用礼貌用语, 操作姿势视觉效果舒服, 符合计划要求
整理工作	工作区域干净整洁无死角, 工具仪器消毒到位, 收放整齐

(二) 关键技能

测试水温

打开水龙头, 测量水温。

注意: 保持水池的卫生, 使排水通畅。喷头向下, 用自己手腕内侧接触水流测试温度选用温水洗发。

不可将未经调试的水流直接冲向顾客头部。

水温调试好后, 将水龙头关小。

染发剂的稀释

先用少量温水将头发上的染膏稀释。

乳化前额

边洒水边用五指轻轻揉捏头皮,直至头上的染色剂变为黏稠糊状,逐渐加水,直至全部乳化。乳化过程中,可以使染色剂中的清洁成分充分发挥作用,进一步清晰头皮上颜色残留的痕迹,还可以使本来干干的染发剂比较容易清洗。

注意:揉捏动作力度适中,力度过大会伤及头皮给顾客带来刺痛感;在揉搓发际线边缘时不要将染色剂粘到发际线以外的皮肤。

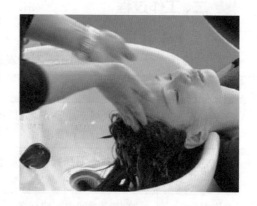

乳化后脑

一只手将顾客头部托起,示意顾客躺在自己手上,双手交替,乳化后脑。

乳化发尾

逐渐加水,轻轻揉搓按摩发尾。

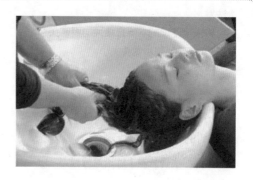

染色剂的冲洗

将双手洗净,顺便清洗盆内的染发剂。

开始从头顶冲水,并询问客人对水温的感受。

小提示:此时,手可以插入头发,充分抖动,使头发内部的染色剂充分被冲出。

冲洗耳朵部位时，用手挡住耳朵。

着重冲洗发迹线边缘的部位，边冲洗边检查有无颜色残留的痕迹。

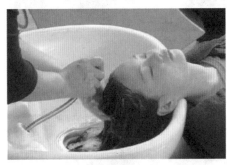

冲洗后脑：转至侧位冲洗后脑，示意顾客躺在自己手上，冲洗后脑。着重清洁后脑部位的头发及头皮，后脑至后发际线是最难清洗的部位，清洗时可请顾客将头部向一侧微微倾斜，这样有助于洗发操作者更直观地观察到后部发区内的清洁情况，挡住水流，继续冲洗颜色残留的痕迹。

冲洗发干发尾，将发干及发尾冲洗提起，用水流冲洗，观察水从头发中流出的颜色，乳化冲水过程中尽量将染色剂充分冲洗干净。

注意：需要顾客倾斜头部时一定要提前告知或示意，切忌突然掰动顾客头部，这样有可能伤到顾客的颈部。

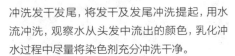

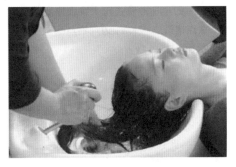

染后洗发液清洗

取量适中,一点点抹在头发上。

轻轻揉搓,打起泡沫,边揉搓边观察头发根部及头皮的状况,观察是否有残留的染发剂存在,对于有残存的位置,手指着重清洗,注意洗净发梢。

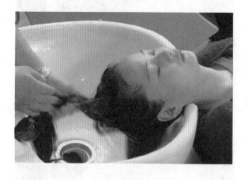

清洗后脑部位,示意顾客躺在自己手上,进行清洗。

清洗顶部,四指向下轻轻清洗。

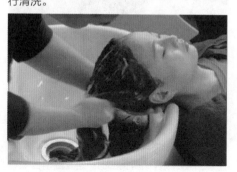

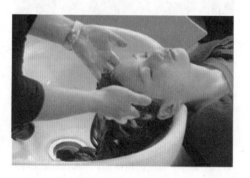

清洗发干及发尾
小提示:如果在冲洗过程中发现残留染色剂,重点搓洗,边冲洗,边观察从头发中出来的颜色。

涂放护发素

适中取量,均匀涂抹,将手上剩余的护发素涂在头发上、如果顾客是长发,可将头发提起,将多余的护发素涂抹在发干及发梢,轻轻揉搓头发及头皮,注意力度,不可以让顾客有向下压头的感觉。按摩有助于头部血液循环,按摩的时间有助于让护发素充分反应,然后冲洗掉,与洗发的冲洗方法相同。

毛巾包发

用毛巾轻擦顾客耳部周围,将毛巾角叠好,示意顾客起身。

洗发后检查

清洗结束后,我们应仔细观察顾客皮肤上有没有残余的颜色痕迹,如果有,可用专业的清洗剂在痕迹上轻轻揉搓,然后用棉球轻轻擦掉。

  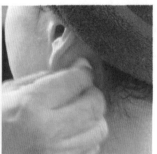

（三）操作流程

客人转至洗头位

请顾客移至洗发区域，协助顾客调整至舒适的洗发姿势。

注意：洗发的时间较长，必须将顾客的洗发姿势调整得非常舒适；可以准备一些小靠垫、头枕之类的辅助物品，以便适合不同身高、不同身材的顾客使用。

染发剂乳化、冲洗

按操作规程完成染发剂的乳化和冲洗。

染后洗发水清洗

使用染后专用洗发水进行清洗，此时头皮上还残留一些染色剂，涂放洗发水后以适当力度按摩头皮，清除这些痕迹。

注意：冲泡沫时，边冲洗边观察从头发上流下来的水的颜色，直至没有颜色为止。

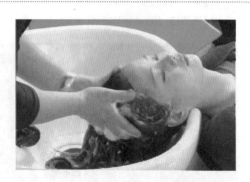

使用染后护发素

均匀地将护发素涂抹到头发上，轻轻按摩头发，让护发素在头发上停留一段时间，使之充分发挥作用，最后彻底冲净护发素。

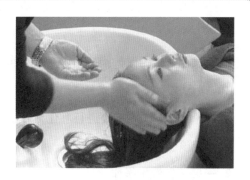

清洁残留染色痕迹

用专业去色膏和去色纸巾擦拭清洁部分残留的染色痕迹。

注意：清洁时力度适中，过度用力会导致顾客的皮肤受损或感染。

整理造型

根据顾客需求可进行修剪、吹风造型等收尾工作。盘点产品，整理工具、工作区域，为接待下一位顾客做好准备。

 ## 三、学生实践

（一）布置任务

1. 染发洗发前准备工作

任务要求：美发实训室，两人一组，在20分钟内进行染发前准备工作，并考虑以下问题：

①为顾客提供的保护措施有哪些？制作工具列表。

②染后洗发水有哪些成分，记录下来。

③为什么染发洗发前要进行乳化，说出理由。

④你应该怎样保护顾客的皮肤，你是怎么做的？

2. 一般洗发洗发操作

任务要求：美发实训室，两人一组，在50分钟内进行染后洗发操作，并考虑以下问题：

①你是如何选择洗发水的？

②你乳化的环节是怎样操作的？

③你制定的洗发方案是什么？洗发时动作是否规范？

④冲水要点是什么？有没有将顾客衣服弄湿？

⑤有没有顽固的染色剂痕迹，你是怎样处理的？

（二）工作评价（见表1-3-3）

表1-3-3　染后洗发工作评价标准

评价内容	评价标准			评价等级
	A（优秀）	B（良好）	C（及格）	
准备工作	工作区域干净整齐，工具齐全，码放整齐，仪器设备安装正确，个人卫生仪表符合工作要求	工作区域干净整齐，工具齐全，码放比较整齐，仪器设备安装正确，个人卫生仪表符合工作要求	工作区域比较干净整齐，工具不齐全，码放不够整齐，仪器设备安装正确，个人卫生仪表符合工作要求	A B C
操作步骤	能够独立对照操作标准，使用准确的技法，按照规范的操作步骤完成实际操作	能够在同伴的协助下对照操作标准，使用比较准确的技法，按照比较规范的操作步骤完成实际操作	能够在老师的指导帮助下，对照操作标准，使用比较准确的技法，按照比较规范的操作步骤完成实际操作	A B C
操作时间	在规定时间内完成任务	规定时间内在同伴的协助下完成任务	规定时间内在老师帮助下完成任务	A B C

续表

评价内容	评价标准			评价等级
	A（优秀）	B（良好）	C（及格）	
操作标准	能够完成操作流程，手法使用正确，头发、头皮表面无残留污渍，操作过程中使用礼貌用语，操作姿势视觉效果舒服，符合计划要求	能够完成操作流程，手法使用正确，头发、头皮表面无残留污渍，能够按照计划要求完成操作	能够完成操作流程，手法使用正确，头发、头皮表面无残留污渍	A B C
整理工作	工作区域干净整洁无死角，工具仪器消毒到位，收放整齐	工作区域干净整洁，工具仪器消毒到位，收放整齐	工作区域较凌乱，工具仪器消毒到位，收放不整齐	A B C
学生反思				

 四、知识链接

家庭洗发小常识

①用洗发液之前要将头发彻底打湿，有利于更好地洗掉污垢，避免伤害头皮。

②洗发液在手掌上揉搓后再涂到头发上，减轻头发的负担，防止碱性物质残留。

③洗发时间最短不能少于3~5分钟，尤其是后脑附近容易堆积油脂，比其他部位更要花时间清洗。

④不要光洗头发，要重视清洗头皮。皮脂堆积在头皮上容易滋生细菌，产生头皮屑，也容易掉发。

⑤洗发液要彻底冲洗干净，冲一遍绝对不够，用护发素之前先要将头发冲洗几遍。

⑥在家也可以尝试头部按摩，用指尖部分而非指甲轻柔按摩头皮3周，可以起到放松作用。

⑦正确把握洗发液的作用，清除头发污垢和皮脂，改善头发生长环境，与护发素功效不同，不可互相取代。

⑧不可一天内洗两次头，过度打开毛鳞片会造成头发损伤，也会洗掉必要的油分。

⑨花点时间找找适合自己的洗发液，只用一两次就下判断有点轻率，持续使用的效果才是判断的根据。

⑩随着季节换用不同的洗发液，季节不同头发状况也不同，一直用同一种洗发水不可能达到最好的护发效果。

⑪隔段时间换一支洗发液，洗发液的清洁对头发只是短暂性的，一段时间后头皮会适应，会失去清洁效果，宜同时买两支洗发液交替使用。

⑫喷发胶等化学性用品会伤害发质，刺激皮肤，同样会加剧头皮屑生成。

⑬勿将洗发液直接倒在头上，因未起泡的洗发水会对头皮造成刺激，形成头皮屑或加剧头皮屑出现，故应倒在手中搓起泡再搽在头发上。

⑭勿用指甲梳头。应用指腹轻轻按摩头皮，不但可增加血液循环，还可减少头皮形成。

单元二 头发护理技术

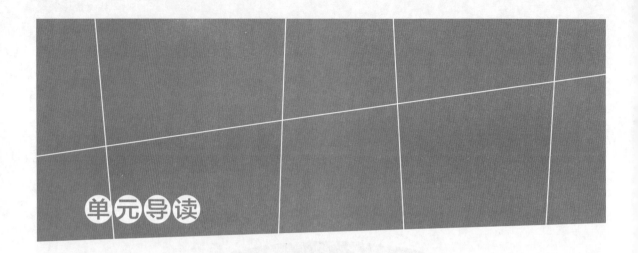

单元导读

内容介绍

想要保持一头亮丽的秀发,需要对头发进行定期的专门保养。头发护理是专业发廊的基本服务项目,在这一单元中,同学们将学习头发损伤及养护知识和"正常头发护理"和"受损头发护理"两个工作任务的技能操作。

单元目标

①掌握头发受损及其养护的基础知识。

②掌握正常头发护理、受损头发护理的操作手法和技巧。

③掌握专业美发机构头发护理的工作流程和服务标准。

④掌握常见护发用品、仪器的性能、效果及使用方法。

项目一 正常发质护理技术

项目描述:

在我们生活的环境中,空气的污染,气候的变化,加上人为因素的影响,使得头发容易变得干枯而失去弹性。头发只有坚持持久的保养、正确的护理才会健康美丽,才能发挥其特有的功能。在这一项目中,同学们将学习在专业发廊中正常头发护理项目的相关知识和技能。

工作目标:

①能够描述正常发质护理的原理、种类。

②能够介绍典型产品的类型。

③能够描述正常发质护理的操作流程及手法。

④掌握为顾客提供保护措施(毛巾、客袍、保鲜膜)的操作手法。

⑤掌握为顾客正常发质护理中试水温、洗发、涂抹揉搓(加按摩)、冲水(可按摩头部、肩颈)、包头等操作手法。

⑥掌握在服务过程中要对顾客微笑、使用礼貌用语,学会正确的站姿,掌握接待顾、与顾客交流及进行产品介绍的能力。

一、知识准备

(一)护发基础知识

1. 健康头发的特征

①韧:强韧、有弹性、无分叉。一根健康的头发能吊起约100克的重物,其强韧度与同

等粗细的金属丝相当。受伤的头发强韧度会大幅下降，弹性显著减低，很容易出现断发和分叉。

②润：滋润、不油腻、无静电。健康的头发在温和的环境中保有约10%的水分，即使是在完全湿润的时候也只会吸收自身重量约15%的水分。受伤的头发在干燥时水分流失严重，会出现毛燥、静电、飞发等问题，而在完全湿润时又会过量吸收水分，最多能达到自身重量的200%。

③柔：柔软顺滑、易梳理、不打结。健康的头发触感如绸缎般柔而不涩、滑而不腻，易于造型。受伤的头发触之干涩如树枝，容易打结，难造型。

④亮：有光泽、发色饱满、盈亮。健康的头发颜色坚实而饱满，受伤的头发颜色轻浮，黯淡如稻草。

2.护发的作用

①营养滋润：当头发受损后就会变得干枯，缺少水分，此时，头发通过蒸汽加热将表皮层打开，使护发产品的营养成分进入到毛发中被头发吸收，从而弥补头发中的营养不足，使头发具有光泽度，达到滋润头发的效果。

②恢复作用：焗油膏含有丰富的营养，能深入到头发的内层，修复因染发、烫发、拉直及外界因素对头发造成的损伤，使头发具有活力和弹性。

③保护作用：当头发洗干净后，即使是冲洗得很干净也会残留一些洗发液粒子，所以将偏酸性护发品涂抹在头发上，可达到酸碱中和。同时护发产品中的营养成分在毛发的表皮层又形成了一层保护膜，保护表皮层不再受到外界的损害。

（二）护发操作知识

护发操作前应做好以下准备工作：

①确定顾客的时间是否充足。

②确定顾客的消费能力及需求。

③精确判断顾客的发质。

④提供可供选择的多项产品并进行必要推荐。

其中帮顾客分析发质非常重要，应运用专业的语言进行讲解，以加深彼此间的信任感。

（三）护发产品及用具知识

1. 护发素的主要成分

护发素主要是由表面活性剂、辅助表面活性剂、阳离子调理剂、增脂剂、防腐剂、色素、香精及其他活性成分组成。其中，表面活性剂主要起乳化、抗静电、抑菌作用；辅助表面活性剂可以辅助乳化；阳离子调理剂可对头发起到软化、抗静电、保湿和调理作用；增脂剂如羊毛脂、橄榄油、硅油等在护发素中可改善头发营养状况，使头发光亮，易梳理；其他活性成分去头皮屑、润湿、防晒、维生素、水解蛋白、植物提取液等赋予护发素各种功能，市场上常见的有去头皮屑护发素、含芦荟或含人参的护发素等。

2. 护发产品鉴别条件

①膏体稠度适中，易于使用。

②使用时没有油腻感，便于涂抹，轻柔、滑爽。

③能均匀分布在头发上。

④易于清洗，护发效果好。

3. 常用护发素功效（见表2-1-1）

表2-1-1 常用护发素简介

产 品	功 效	使 用
速效护发素	能在发茎周围形成保护膜，恢复头发中的水分和油，但不能渗透到皮质，也不能恢复发茎中的角朊	通常含有植物油，pH值呈酸性，不适于细致或脆弱的头发。一般在头发上停留1~2分钟，然后冲洗掉
标准护发素	通常也含有植物蛋白，pH值呈酸性，它能使头发在接受碱性化学服务后关闭表皮鳞片	一般在头发上的停留时间为2分钟，然后冲洗
丰发护发素	配方中的蛋白质将渗透到受损的发茎并沉淀下来。蛋白质置换了多余的水分，使头发更有实体。这样就改变了水分和蛋白的平衡，使头发更易控制，造型更为持久	适用于细致脆弱的头发，它含较多水分，使头发维持较好的状态，通常在头发中停留大约10分钟，但要遵循生产商的使用说明
润发护发素	含有水解动物蛋白，适用于干性脆弱头发。润发护发素中的保湿剂将渗透到头发中，锁住头发中的水分。这种产品能在头发表皮形成一层薄膜，防止水分流失	烫发后几天内都不能使用润发护发素，否则头发就变脆弱。停留在头发中的时间可参考使用说明
特制护发素	如果顾客的头发既需要滋润，又需要增加实体，那么你就要在润发护发素中加入丰发蛋白产品	改善顾客头发的状态

4.准备好护发用品

胶碗、毛刷、发夹、塑料帽、围布、洗发液、护发产品、毛巾、发梳、棉条、焗油机。

二、工作过程

(一)工作标准 (见表2-1-2)

表2-1-2　正常发质护理工作标准

内容	标　准
准备工作	工作区域干净整齐,工具齐全,码放整齐,仪器设备安装正确,个人卫生仪表符合工作要求
操作步骤	能够独立对照操作标准,使用准确的技法,按照规范的操作步骤完成实际操作
操作时间	在规定时间内完成任务
操作标准	能够完成操作流程、涂抹均匀、手法使用正确、头发、头皮表面无残留污渍,操作过程中使用礼貌用语,操作姿势视觉效果舒服,符合计划要求
整理工作	工作区域干净整洁无死角,工具仪器消毒到位,收放整齐

(二)关键技能

检查顾客的发质状况

仔细检查发质情况,并询问顾客的基本情况。

注意:借助仪器进行发质的检测,认真分析检测数据,仔细观察检测结果,准确判断发质状况;为顾客提供有价值的建议。

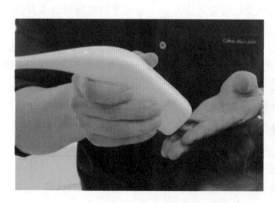
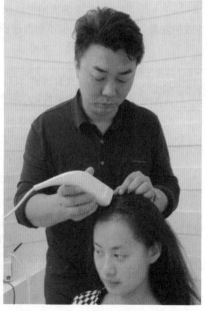

洗发

用清水洗发。

涂抹洗发液。

清水冲洗。

用毛巾包裹住头发。

用毛巾吸干水分后，打开毛巾。

注意：只用洗发液清洗头发，不可以涂放护发素；挤干水分时手的力度不要太用力，否则会拉伤头发内部结构；根据顾客的发质选择护发产品。

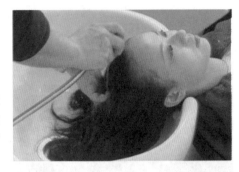

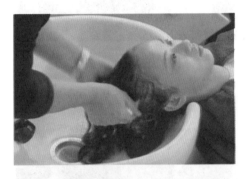

护理设备预热

将设备开启运转，预热两分钟。

注意：查看机器是否运转正常，补水罐是否缺水；让机器提前预热，避免顾客等待时间太长。

涂抹护理产品

将模特头发梳顺。

从中间发线，将头发分成左右两个发区。

挑起一厘米左右厚度的头发，距离发根2厘米处开始涂抹护发产品。

发刷反转涂抹，同时边涂抹边用手指轻轻按摩。

涂抹其他发区，并用发夹夹好。

注意: 分区要清晰, 头发要梳理通顺, 按区将头发分成发片, 一片一片的; 涂抹产品结束后用发夹固定; 不要将产品涂到发根、头皮上, 发片厚度不超过两厘米; 按顺序涂抹护发产品, 用发刷时要用力, 尽量把护发产品涂抹均匀充分。

揉搓按摩发片

用手指搓、揉发片。

注意：手指揉搓时要顺着毛发鳞片生长方向操作；将头发的每个层面都粘上护发产品；帮助产品渗透到发体内，促进头发吸收营养。

检查是否涂抹完整

挑开发片，检查第一次涂抹是否完全。

如发现未被涂抹的发片把它涂抹完毕。

加温前整理

整理发片。

戴好耳部等护具。

围裹棉条

注意：整理散落的发片，向头顶聚拢，用发夹固定；用毛巾或棉条围住顾客的头部边缘，保护顾客的面部带上塑料帽，保持湿度；棉条要围严实，避免机器里的蒸馏水流到客人脸部。

调试仪器

我们选择健康发质键,时间为8分钟。

加温处理

使用蒸汽机加热,根据产品说明设定
加热时间。

注意:不要离开顾客,随时观察机器的
加热情况及顾客的反应。

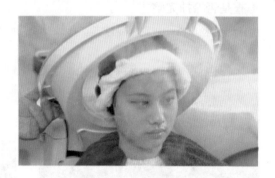

提供报纸、茶水

中途等待时间为顾客提供报纸和茶
水,供顾客使用。

降温冷却

加热完成后打开包裹头发的塑料帽让
头发充分冷却。

注意:移除加热设备时要小心,避免
设备磕碰到顾客头部;更换棉条,将
发片打开降温。

冲洗

温水冲洗，毛巾擦干。

注意：冲水时要用温水冲洗，水温过热会影响护理效果；用毛巾将头发彻底擦干。

（三）操作流程

接待顾客

针对顾客需求进行沟通交流，制定本次服务流程的操作方案，询问顾客的基本信息，针对顾客的要求给予适当的建议，最终确定头皮护理方案。

保护措施

按操作规程完成围毛巾、围布，发质测试，保护措施的操作。

检查顾客的头发质状况

仔细检查发质情况，并询问顾客的基本情况。

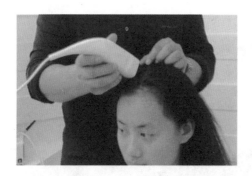
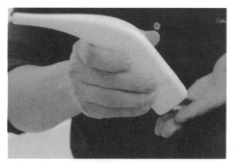

洗发

将头发洗干净，用手将头发上多余的水分挤干。

护理设备预热

将设备开启运转预热两分钟。

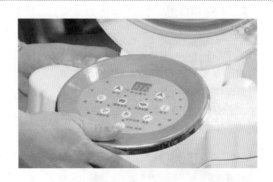

涂抹护理产品

将头发进行分区、分片涂抹，发片厚度不超过两厘米。

按顺序涂抹护发产品，用发刷时要用力，尽量把护发产品涂抹均匀充分。

揉搓按摩发片

用手指搓、揉发片，帮助产品吸收。

加温前整理

整理发片，围裹棉条。

加温处理

设备加热，设定加热时间。

降温冷却

加热完成后打开包裹头发的塑料帽让
头发充分冷却。

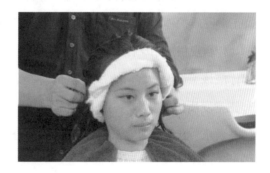

冲洗

温水冲洗，毛巾擦干。

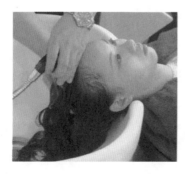 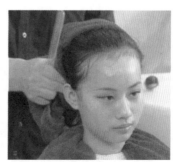

整理造型

根据顾客需求进行吹风造型等收尾工作。

盘点产品，整理工具、工作区域，为接待下一位顾客做好准备。

 ## 三、学生实践

(一) 布置任务

1. 正常发质护理前准备工作

任务要求：美发实训室，两人一组，在20分钟内进行操作前准备工作，并考虑以下问题：

①为何要把发质测试放在首位? 说出理由。

②正常发质护理的工作流程是什么? 记录下来。

③为什么发根不用涂抹? 说出理由。

④你应该怎样保护客户的私人物品，你是怎么做的?

2. 正常发质护理操作

任务要求：美发实训室，两人一组，在50分钟内进行正常发质护理操作，并考虑以下问题：

①你是如何选择护理产品的?

②你顾客头发的长度是多少，涂抹怎么进行的?

③你制定的护理方案是什么?

④冲水时是否将顾客的衣领弄湿，如果已经弄湿，应该说什么，做什么?

（二）工作评价（见表2-1-3）

表2-1-3 正常头发护理工作评价标准

评价内容	评价标准			评价等级
	A（优秀）	B（良好）	C（及格）	
准备工作	工作区域干净整齐，工具齐全，码放整齐，仪器设备安装正确，个人卫生仪表符合工作要求	工作区域干净整齐，工具齐全，码放比较整齐，仪器设备安装正确，个人卫生仪表符合工作要求	工作区域比较干净整齐，工具不齐全，码放不够整齐，仪器设备安装正确，个人卫生仪表符合工作要求	A B C
操作步骤	能够独立对照操作标准，使用准确的技法，按照规范的操作步骤完成实际操作	能够在同伴的协助下对照操作标准，使用比较准确的技法，按照比较规范的操作步骤完成实际操作	能够在老师的指导帮助下，对照操作标准，使用比较准确的技法，按照比较规范的操作步骤完成实际操作	A B C
操作时间	在规定时间内完成任务	规定时间内在同伴的协助下完成任务	规定时间内在老师帮助下完成任务	A B C
操作标准	能够完成操作流程，涂抹均匀，手法使用正确，头发、头皮表面无残留污渍，操作过程中使用礼貌用语，操作姿势视觉效果舒服，符合计划要求	能够完成操作流程，涂抹均匀，手法使用正确，头发、头皮表面无残留污渍，能够按照计划要求完成操作	能够完成操作流程，涂抹均匀，手法使用正确，头发、头皮表面无残留污渍	A B C
整理工作	工作区域干净整洁无死角，工具仪器消毒到位，收放整齐	工作区域干净整洁，工具仪器消毒到位，收放整齐	工作区域较凌乱，工具仪器消毒到位，收放不整齐	A B C
学生反思				

四、知识链接

美发助理应具备的综合能力

1. 观察能力

观察能力指与顾客交谈时，对谈话对象口头语言信号、身体语言、思考方式等内容的观察和准确判断，并对后续谈话内容与方式及时修正和改善的能力。

美发服务过程是一个巧妙的自我推销过程，在这个过程中助理应采取主动态度与顾客进行沟通，在交谈的过程中应具有敏锐的职业观察能力，以判断下一步应采取的行动和措施。

2. 语言运用能力

态度要好，要有诚意；要突出服务的重点和要点；表达要恰当，语气要委婉，语调要柔和，要通俗易懂、配合气氛，不夸大其词，要留有余地。

3. 社会能力

包括与人交往使人感到愉快的能力，和解异议争端的能力，以及控制交谈气氛的能力等。消费者形形色色，文化口味、经济能力、购买心理、个性特征、生活兴趣与爱好各不相同。优秀的助理能充分了解顾客，凭丰富的经验快速判断顾客的类型，并及时调整服务策略，始终让顾客在自己设定的轨道上运行，使顾客从进门起，就像进入一个大包围圈，无形之中被你引导着走，最终帮顾客做出明智的决定。能做到既让顾客体会到你的服务，又不让顾客拖泥带水，干脆利落解决问题，无后顾之忧。

项目二 受损发质护理技术

项目描述:

头发干枯、发梢开叉、不易梳理、没有光泽都是发质受损的表现。头发受损可能是生理、病理原因,也可能是人为造成。头发没有自我修复功能,选用有针对性的修护产品,运用科学正确的护理操作技术,可以有效地改善发质,给顾客带来一头秀发。

工作目标:

①能够描述受损发质护理的原理、种类。

②能够介绍典型产品的类型。

③能够描述受损发质护理的操作流程及手法。

④掌握为顾客提供保护措施(毛巾、客袍、保鲜膜)的操作手法。

⑤掌握为顾客受损发质护理中试水温、洗发,涂抹揉搓(加按摩)、冲水(可按摩头部、肩颈)、包头等操作手法。

⑥掌握在服务过程中要对顾客微笑、使用礼貌用语,学会正确的站姿,掌握接待顾客、与顾客交流及进行产品介绍的能力。

一、知识准备

(一)护理基础知识

1. 毛发内部的三个连接键

构成毛发的主要成分角朊蛋白,约由18种氨基酸组成。角朊蛋白质的特性是含有较多被称为"胱氨酸"的氨基酸。

蛋白质由氨基酸同类间的连接而构成,其连接称之为肽链,该链的连接反复延续成为长链。通常,将连接的分子量在100以上、1万以下的称之为多肽,角朊蛋白质以多肽为主链,无数的多肽链聚集后形成角朊蛋白质,然后再构成1根毛发。

相邻的多肽链之间,侧向的同类键之间还进行侧向连接,将角朊蛋白的分子固定,并使其拥有较佳的强度、弹力等各种特性。我们把此连接称之为"侧键连接"。在侧向的连接键中,主要的有"二硫键""离子键"和"氢键"。

(1)二硫键

二硫键在含硫蛋白质中较为特别,是在其他天然纤维(绢、木棉等)和合成纤维中不存在的侧向连接键,成为角朊蛋白特征的主要连接键。二硫键的连接虽有顽强的机械性,但化学反应能将其切断分开,不过仍可再度连接。烫发剂(直发膏)就是利用其化学性质而达到目的的。

(2)离子键

离子键是与相邻的多肽链之间,同类氨基(正电)和羟基(负电)进行电子(离子)连接的键。毛发的离子键在pH值4.5~5.5的范围(也称等电点)内,键连接力为最强。角朊蛋白也呈最稳定、牢固的状态。因酸碱pH等电点的不同,越偏酸或越偏碱,均能使离子键的连接力趋弱。

(3)氢键

该键的连接,用水可简单地把它切断分开,然而干燥(除去水分)后即可自行再连接。虽氢连接键的数量相对较多,但其连接力较弱,吹风定型以及因睡觉而造成发型的变形,均因氢键的连接力所致。

2.受损发质特征

受损的头发发孔多,用手触摸时有粗糙感,梳理时容易折断,发梢易开叉,头发表面没有光泽,呈枯黄状态。

3.头发损伤的性质

(1)物理性损伤

头发的物理性损伤包括:梳理方式错误造成的损伤;剪刀、削刀的不正确使用造成的损伤;电热美发器具造成的损伤;紫外线造成的损伤。头发的表皮层长出的头皮就像树皮一样,一旦受损自己是无法恢复的,如果不加强养护,就可能造成开叉、断裂等现象,主要表现于头发的表皮层的损伤。

(2)化学性损伤

日常洗发、护发、定型产品的不正确使用造成的损伤;过度烫、染、漂发以及错误操作对头发造成的损伤;环境的污染对头发造成的损伤;海水与游泳池内的水质对头发造成的损伤等。这类损伤主要是头发皮质层内蛋白纤维组织的损伤,使发质僵硬、变脆、无光、干枯。

(3)生理与心理损伤

由于人体内脏的原因或自身心理等因素也会造成头发软弱无弹性、油腻、脱落、生白发等。

(二)护理操作知识

①正确地梳发:每次洗头发之前,最好花点时间将头发先梳一梳,然后将打结的部分解开,梳发的动机在于将头皮上的污垢与头发的污垢,利用梳发先梳落。

②正确地洗发与护发:由于洗发能够给受伤的头发营养成分,让头发由内到外恢复生气。所以,头发的健康状况就看你护发的次数与种类了。基本上是先洗完头发再护发的。所以,想要有乌黑亮丽的头发就要注意护发的方法与次数。

洗头发的时候要注意,必须照顾头皮、发根,因为这两个地方关系到你的头发健康哦!透过手指对于头皮的按压,能够增加头皮健康、促进头部血液循环,当然就可以增加头发的健康。发尾必须仔细地清洗,才能使头发发尾吸收到营养。

③洗完后的护理:洗完头发后要先用毛巾将湿头发擦干,然后要注意一点:千万别马上拿起吹风机就吹整发型。一定要用毛巾用轻压的方式将水分挤出,才可以用吹风机吹干。

④吹整的注意事项:由于胡乱地使用吹风机吹整,反而会使头发更乱,所以,吹整之前最好先将头发梳开,这样才能够避免头发打结,不会使头发在吹整的过程当中受伤。

吹整时尽量缩短使用时间,而且与吹风机之间的距离最好拿开一些,因为,吹风机是伤害发质的原因之一。

⑤如果你因为胡乱地烫发与染发导致头发受损严重,那么,你可在头发的表面抹上防止分叉或是能够补充水分、油分的护发剂,用来加强头发的健康。

二、工作过程

(一)工作标准(见表2-2-1)

表2-2-1 受损发质护理工作标准

内容	标　准
准备工作	工作区域干净整齐,工具齐全,码放整齐,仪器设备安装正确,个人卫生仪表符合工作要求
操作步骤	能够独立对照操作标准,使用准确的技法,按照规范的操作步骤完成实际操作
操作时间	在规定时间内完成任务
操作标准	能够完成操作流程,手法使用正确,头发、头皮表面无残留污渍,操作过程中使用礼貌用语,操作姿势视觉效果舒服,符合计划要求
整理工作	工作区域干净整洁无死角,工具仪器消毒到位,收放整齐

(二)关键技能点

1. 免加热产品护发

清洗头发

使用温水洗发。

选择针对受损发质的洗发水洗发。

用水洗去洗发水。

用毛巾包裹住顾客的头发。

注意:选用针对受损发质的洗发水,洗发水要适量;洗净头发后根据发质选择护发素。

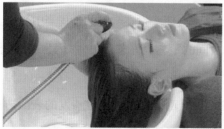

挤干水分涂抹护发产品

用毛巾把头发上的水挤干，涂抹护发产品。
用梳子梳理头发。

从前发际线中点至后发际线中点连线梳成两
个发区，并用事先准备好的发夹固定住一边，
梳理另一边，再次确定头发梳理通顺。

从发顶部挑出一片头发。
从距离发根2厘米处开始涂抹护发产品，涂抹
时刷子可翻转涂抹。

注意：使用护发品之前，头发要保持一定的干
度，否则护发产品很难进入到头发的内部；涂
抹要均匀，重点涂抹发干、发梢等受损严重的
部位；不要涂抹在头皮上，停留时间2~5分钟；
梳理头发时候要轻，否则损伤发根；尽量把发
尾的水分都挤干；边涂抹边用手指轻轻按摩发
面，有助均匀涂抹和吸收。

按摩冲洗

用手指按摩头发受损严重的部位，按摩后冲洗干净。
注意：利用手指轻轻按摩；顺着头发鳞片生长的方向按摩；用温水冲洗。

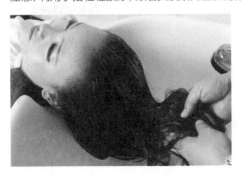
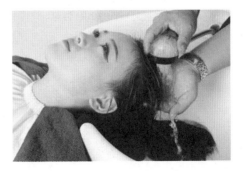

2. 焗油机护发

洗发

使用温水洗发。

选择针对受损发质的洗发液洗发。

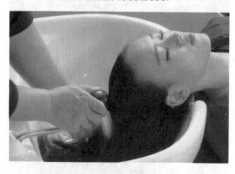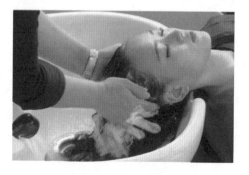

用水洗去洗发液。

用毛巾包裹住顾客的头发。

注意：选用针对受损发质的洗发液，洗发液要适量；洗净头发后根据发质选择护发素；不要让洗发水在头上停留太长时间。

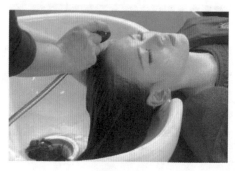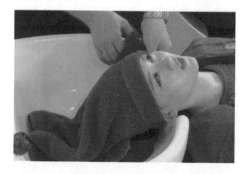

推荐产品

推荐产品，向顾客说明产品的特性。

注意：具备扎实的展业理论知识；注意沟通策略；使用礼貌用语。

按发区分片涂抹

梳理头发。

将头发进行分区。

抓起发片，分片涂抹，依次涂抹全部头发。

距离发根两厘米处开始涂抹。

注意：分区要清晰，头发要梳理通顺；按区将头发分成发片，一片一片地涂抹产品；不要将产品涂到发根、头皮上发片厚度不超过两厘米；按顺序涂抹护发产品，用发刷时要用力，尽量把护发产品涂抹均匀充分；梳理头发时要轻，否则损伤发根；尽量把发尾的水分都挤干。

揉搓按摩发片受损部位

用左手夹起受损发片。

用手指搓、揉发片受损部位。

注意：手指揉搓时要顺着毛发鳞片生长方向操作；将头发的每个层面都粘上护发产品；帮助产品渗透到发体内，促进头发吸收营养；揉搓按摩发片力度要轻，否则会使头发损伤程度加重；着重涂抹发干部分。

打成发卷

双手挑分发片。

一只手逆时针旋转成圈，用发夹固定住。

按上述方法将全头的头发卷圈完毕。

小提示：发卷的密度不要过密。头发盘成空卷，便于头发受热均匀吸收营养。

注意事项：发卷的大小适中，位置适当；利用发夹固定牢固。

加热

戴上耳帽，用毛巾或棉条围住顾客的头部边缘，保护顾客的面部。

检查机器的使用状态是否正常，补水罐水量是否充足。

在仪器指示盘上选择受损发质，并设置预热时间（2分钟左右）。

小提示：加热器在使用之前首先要观察废水罐和补水罐是否正常；今天做的头发是受损发质，所以仪器上按受损发质按钮，时间为12分钟。

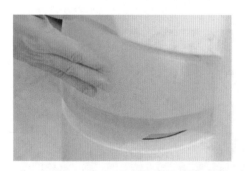

卸发夹，梳理头发

移开加热器。

卸下发夹，打开头发。

梳理头发通顺。

小提示：梳理头发是为了使头发冷却，让受损发质吸收营养成分更充分。

清洗

用清水冲洗。

注意：用温水冲洗，水温过热会影响护理效果；将护发产品彻底冲掉，不需要涂抹护发素。用毛巾擦干。

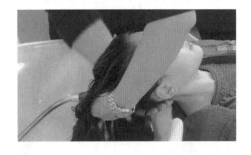

（三）操作流程

1. 免加热产品护发

接待顾客

针对顾客需求进行沟通交流，制定本次服务流程的操作方案。

询问顾客的基本信息，针对顾客的要求给予适当的建议，最终确定头皮护理方案。

保护措施

按操作规程完成毛巾、围布、发质测试、保护措施的操作。

检查顾客的发质状况

仔细检查发质情况，并询问顾客的基本情况。

清洗头发

选择针对受损发质的洗发水洗发。

挤干水分涂抹产品

洗发后先用手把头发上的水挤干，然后涂抹产品。

按摩冲洗

用手指按摩头发受损严重的部位，按摩后冲洗干净。

整理造型

根据顾客需求进行吹风造型等收尾工作。

2. 焗油机护理

接待顾客

针对顾客需求进行沟通交流，制定本次服务流程的操作方案，询问顾客的基本信息，针对顾客的要求给予适当的建议，最终确定头皮护理方案。

保护措施

按操作规程完成毛巾、围布、发质测试、保护措施的操作。

洗发

将头发洗干净，用手将头发上多余的水分挤干。

推荐产品

推荐产品，向顾客说明产品的特性。

按发区分片涂抹

将头发进行分区、分片涂抹。

揉搓按摩发片受损部位

用手指搓、揉发片受损部位。

加热

将头发盘成空卷,便于头发受热均匀吸收营养。

清洗

用清水冲洗。

整理造型

根据顾客需求进行吹风造型等收尾工作。

 三、学生实践

（一）布置任务

1. 受损发质护理前准备工作

任务要求：美发实训室，两人一组，在20分钟内进行护理前准备工作，并考虑以下问题：

①为何发质诊断放在首位？说出理由。

②诊断发质受损程度的结果是什么？记录下来。

③如何为顾客选择护理产品，产品特点是什么？说出理由。

④你应该怎样保护客户的私人物品，你是怎么做的？

2. 一般洗发洗发操作

任务要求：美发实训室，两人一组，在50分钟内进行受损发质护理操作，并考虑以下问题：

①你是如何选择护理产品的？

②你顾客头发的长度是多少，涂抹方法是怎样的？

③你有没有将产品涂到发根或头皮上？

④加热时机器是否提前预热，为顾客提供了哪些保护措施，做了什么？

（二）工作评价（见表2-2-2）

表2-2-2 受损发质护理工作评价标准

评价内容	评价标准			评价等级
	A（优秀）	B（良好）	C（及格）	
准备工作	工作区域干净整齐，工具齐全，码放整齐，仪器设备安装正确，个人卫生仪表符合工作要求	工作区域干净整齐，工具齐全，码放比较整齐，仪器设备安装正确，个人卫生仪表符合工作要求	工作区域比较干净整齐，工具不齐全，码放不够整齐，仪器设备安装正确，个人卫生仪表符合工作要求	A B C
操作步骤	能够独立对照操作标准，使用准确的技法，按照规范的操作步骤完成实际操作	能够在同伴的协助下对照操作标准，使用比较准确的技法，按照比较规范的操作步骤完成实际操作	能够在老师的指导帮助下，对照操作标准，使用比较准确的技法，按照比较规范的操作步骤完成实际操作	A B C
操作时间	在规定时间内完成任务	规定时间内在同伴的协助下完成任务	规定时间内在老师帮助下完成任务	A B C
操作标准	能够完成操作流程，手法使用正确，头发、头皮表面无残留污渍，操作过程中使用礼貌用语，操作姿势视觉效果舒服，符合计划要求	能够完成操作流程，手法使用正确，头发、头皮表面无残留污渍，能够按照计划要求完成操作	能够完成操作流程，手法使用正确，头发、头皮表面无残留污渍	A B C
整理工作	工作区域干净整洁无死角，工具仪器消毒到位，收放整齐	工作区域干净整洁，工具仪器消毒到位，收放整齐	工作区域较凌乱，工具仪器消毒到位，收放不整齐	A B C
学生反思				

四、知识链接

造成头发损伤的10个坏习惯

①经常使用吹风机。头发所含的水分若降低至10%以下，发丝就会变得粗糙、分叉，最好让头发自然晾干。

②每天反复梳发超过50次。梳理头发可以帮助清理附在头发上的脏物，并且会刺激头皮，促进头皮的血液循环。但梳理过多，反而会伤害秀发。建议每天只需梳理30~50次就足够了。

③趁头发很湿时上发卷。正确的方法是等头发干到七八成时，再上发卷。

④洗完头发后用力擦干。用毛巾用力搓揉，只会使头发枯涩分叉。你应该用干毛巾将头发包起来，轻轻按压，干毛巾会自然将头发上的水分吸干。

⑤洗发剂泡沫越多越好。其实这样做会使头发更干涩。洗发用品的泡沫不应求多，洗时用力要轻柔。

⑥在头发上喷洒香水。虽然头发很容易吸收气味，但在头发上洒香水，结果是适得其反。因为香水中的酒精成分一挥发，就会将头发中的水分带走，使秀发更显干燥。

⑦染发与烫发同时进行。刚烫过头发的人最好等一两个星期再进行染发，否则会使头发的负担太重而伤害秀发。

⑧头发干涩时就多抹一些护发乳。过量的护发乳只会给头发造成负担。要抹的话，最好只抹在头发表层即可。

⑨烫发不成功再来一次。新烫的发型不令人满意时，有些人会重新再来一次。这样做对头发将造成极大伤害。对于首次烫发的人来说，烫发时间宁可缩短一些，同时与第二次烫发的时间间隔要长一些。

⑩一瓶洗发用品全家用。使用不适合发质的洗发、护发用品，结果可想而知。就如同干性发质使用油性发质的专用产品一样，会把头发上的油脂和水分都洗掉，结果使头发更干燥。

单元三 头皮护理技术

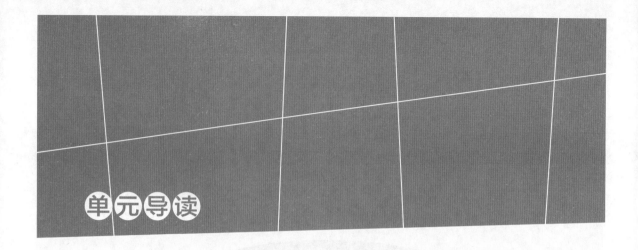

单元导读

内容介绍

　　头皮是头发生长的土壤,头皮的健康和平衡是头发健康生长的根本。消除头油、头痒、头屑多等头皮问题,营造健康的头皮环境,才能养出一头柔顺润美的秀发。在这一单元,同学们将通过完成"脱发头皮护理""头皮屑头皮护理"两个护理项目,学习头皮护理知识和操作技能。

单元目标

①掌握问题头皮及其清洁护理的基础知识。

②掌握脱发头皮护理、头皮屑头皮护理的操作手法和技巧。

③掌握专业美发机构头皮护理项目的工作流程和服务标准。

④掌握常见头皮护理产品、工具的性能、效果及使用方法。

项目一　脱发头皮护理技术

项目描述:

脱发对人的外观造成损害,给患者带来非常沉重的心理压力,甚至影响到生活、工作、交际等各方面。在这一项目中,同学们将了解脱发的原因及防护知识,学习脱发头皮的专业护理技能。

工作目标:

①能够描述脱发头皮护理的原因、种类。

②能够介绍典型产品的类型。

③能够描述脱发头皮护理的操作流程及手法。

④掌握为顾客提供保护措施(毛巾、客袍、保鲜膜)的操作手法。

⑤掌握为顾客脱发头皮护理试水温、洗发,涂抹揉搓(加按摩)、冲水(可按摩头部、肩颈)、包头等操作手法。

⑥掌握在服务过程中要对顾客微笑、使用礼貌用语,学会正确的站姿,掌握接待顾客、与顾客交流及进行产品介绍的能力。

一、知识准备

(一) 头皮基础知识

1. 头部皮肤结构 (见图3-1-1)

头皮是覆盖于颅骨之外的软组织,在解剖学上可分为三层:表皮层、真皮层、皮下组

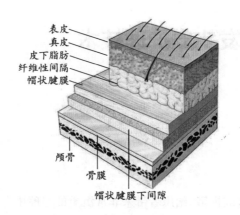

表皮
真皮
皮下脂肪
纤维性间隔
帽状腱膜

颅骨
骨膜
帽状腱膜下间隙

图3-1-1 头皮的分层

织、帽状腱膜层、骨膜层。

2.头皮的特点

头皮属特殊的皮肤,含有大量的毛囊、汗腺和皮脂腺。头皮和面部皮肤相比,还有几个比较特别的地方:

①头皮的厚度大约是1.476毫米,脸颊上皮肤的厚度大约是1.533毫米,鼻子上皮肤的厚度大约是2.040毫米。这也就是说,头皮比面部大部分位置的皮肤都要薄。

②头皮上的皮脂腺密度是144~192个/平方厘米,额头上的是52~79个/平方厘米,脸颊则上的则是42~78个/平方厘米。这也就是说,即使是跟面部最容易出油的额头相比,头皮的皮脂腺数量也有它的2倍之多。

③12小时里,头皮表面分泌的皮脂量达到了288μg/平方厘米,而额头的皮脂量只有144μg/平方厘米。

总之,跟面部皮肤相比,头皮更薄、皮脂分泌更加旺盛,由于有头发的遮挡,头皮的清洁比面部清洁更具挑战。

3.健康头皮的标准

①无肉眼可见的头皮屑。

②头皮放松不紧绷。

③无瘙痒。

④能较长时间保持清爽状态。

⑤发根强韧、头发滋润有光泽、不油腻等。

（二）脱发基础知识

1. 脱发症状

地中海式脱发：俗称谢顶，一般从额头两侧开始，逐步地延伸，这种状况常常不知不觉，但是到后期基本脱光，只剩下发际周围残发，头皮光滑发亮，没有茸毛。

脂溢性脱发：这种脱发，开始时是由于皮脂分泌过旺，头油多，头皮屑多，头皮痒，患者常不自觉地用手抓，越抓越痒，结果这种机械性的刺激加速了头发脱落，破坏了头皮，损坏了毛囊，以致头发更少。

老年性脱发：随着年龄增长，生理机能的老化，体质较差者，肾气开始衰老，造血功能退化，头发也就慢慢脱落。

遗传性脱发：天生毛母细胞活性低，头发易脱落，要经常性运用毛囊活化液，延迟脱发的时间。

斑秃（圆形脱毛症）：也叫鬼剃头，常见于儿童和青年，常常在头部出现一块或几块圆形或椭圆形局部性脱发，也有不规则形状脱发，大小不等，周围边界清楚，不疼不痒，无感觉，依靠他人发觉。经检查就会发现毛囊口清楚可见，这也表明毛孔还未封闭，还可以控制和治疗，而斑秃不控制就会形成全秃。

2. 脱发原因

①遗传；

②早春、秋末季节里，由于荷尔蒙分泌和生理状态不易保持平衡，以及毛囊机能障碍，化学漂染过多；

③精神压力、疲劳过度、睡眠不足等问题；

④洗发水及洗发方式不正确；

⑤某些地区缺少微量元素、细菌感染、化疗、产后等原因。

3. 脱发的防治

①忌食辛辣、烟酒、刺激性食物，注意饮食营养，多吃鱼、虾、青菜、豆腐加上核桃、芝麻、海带及其他黑色食品。

②选择正解的洗发水和洗发方法，控制皮屑芽孢菌的繁殖，改善头发生长环境。酸性洗发水，可中和碱性，减少对毛孔的刺激，保护毛囊发育功能等。健康的洗发方法是冬季一周一次，夏季两次，洗发过多会使毛根松动，甚至有时会使细菌侵入毛囊滋生细菌，伤害

头发。洗发温度不宜过高，不超过37度，太热的水易伤头发，破坏皮肤屏障作用，刺激皮脂腺使其分泌旺盛。选择细齿的木梳在早上和临睡前梳头50次左右，有止痒、通风、去污、除菌的功效，还可活血、健发、提神醒脑，调节头皮正常的生理代谢。

③保持心态开朗和保持好心情。睡眠好，身心放松，睡眠就踏实，质量就高。神经衰弱、长期失眠会使人头部缺氧，细胞敏感性增强，影响毛囊周围细胞正常的生理活动，致使毛发枯黄萎缩，脆折脱落。

④选用活化毛囊细胞、保护头皮组织的头皮调理霜（精华液）来护理头发。

（三）头皮护理产品工具基础知识

1. 头皮护理产品（见表3-1-1）

表3-1-1 头皮护理产品简介

产品	功效
精华油	具有提神、刺激和镇定的气味；允许液体在头皮上流动
头皮调节剂	使头皮清爽、刺激；有温和的抗菌功效和清洁作用
滋润剂	为干性头皮提供水分；形态有膏状、油状或液体

2. 脱发头皮护理工具

胶碗、毛刷、发夹、围布、防脱洗发水、防脱产品、毛巾、发梳、棉条。

 二、工作过程

（一）工作标准（见表3-1-2）

表3-1-2 脱发头皮护理工作标准

内容	标准
准备工作	工作区域干净整齐，工具齐全，码放整齐，仪器设备安装正确，个人卫生仪表符合工作要求
操作步骤	能够独立对照操作标准，使用准确的技法，按照规范的操作步骤完成实际操作
操作时间	在规定时间内完成任务
操作标准	能够完成操作流程，手法使用正确，头发、头皮表面无残留污渍，操作过程中使用礼貌用语，操作姿势视觉效果舒服，符合计划要求
整理工作	工作区域干净整洁无死角，工具仪器消毒到位，收放整齐

（二）关键技能

检查顾客的头皮状况

仔细检查头皮情况，并询问顾客的基本情况。

注意：借助仪器进行头皮的检测，认真分析检测数据，仔细观察检测结果，准确判断头皮状况，为顾客提供有价值的建议。

涂抹防脱发产品涂抹全头

将头发梳理整齐。

从中间取一道分界线，利用发夹固定。

将防脱发产品涂抹在头皮上，从前额中间发际线到顶部开始涂抹第一段。

挑分新的发片进行涂抹，间隔约1厘米。

头顶涂抹完毕后涂抹两侧、脑后等发区。

注意：要匀速地将产品涂抹在头皮上；分发片要均匀，不能相差太多；挤出产品时力度适中，每次挤出的产品量要适当；用相同的方法将全部头皮进行涂抹，不要有漏掉的地方；两侧的头发较短，可以均匀涂抹。

按摩头皮

用按压的方法按摩头皮约30分钟,让头皮尽量吸收所有的产品,使产品起到作用。

注意:手法力度要适中,节奏不宜过快;每一个方位都要按摩到,按摩可以促进头皮的血液循环,使之更好地吸收产品;按摩时间约15分钟。

清洗

将全头防脱发产品用清水冲洗干净。

注意:用温水冲洗,要认真仔细地冲洗干净;选用相匹配的防脱发洗发液进行洗发;分两次用洗发液清洁头发及头皮,因为要让洗发液的营养在头皮上停留较长时间,并吸收;洗发手法同按摩手法相同,力度适中,节奏不紧不慢。

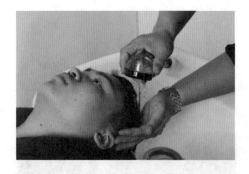
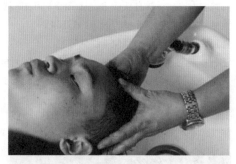

涂抹护发素

使用相匹配的防脱发护发素。

注意:只涂抹在头发上,尽量不要让护发素沾上头皮;护发素要适量,认真仔细均匀涂抹。

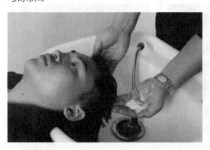

涂放皮质平衡液

洗发完毕后,将头发吹至七成干,选用皮脂平衡液,放射式涂放于头皮。

注意:按照放射线条的纹路进行涂抹;进行简单按摩两分钟后进行吹风造型。

（三）操作流程

接待顾客

针对顾客需求进行沟通交流，制定本次服务流程的操作方案；询问顾客的基本信息；针对顾客的要求给予适当的建议，最终确定头皮护理方案。

保护措施

按操作规程完成毛巾、围布、发质测试、保护措施的操作。

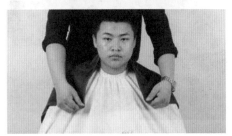

头皮检测

利用仪器对顾客的头皮状况进行检测。

刷发

根据顾客头发及头皮的情况进行刷发。

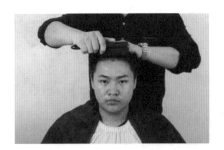

涂抹防脱发产品于全头
将防脱发产品涂抹在头皮上。

按摩头皮
用按压的方法按摩头皮约30分钟。

清洗
将全头防脱发产品用清水将头皮冲洗干净；选用相匹配的防脱发洗发液进行洗发。

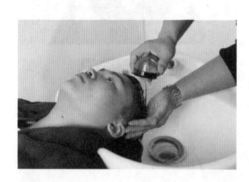

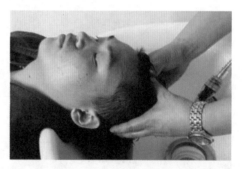

涂抹护发素
使用相匹配的防脱发护发素。

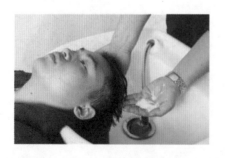

涂放皮质平衡液
洗发完毕后，将头发吹至七成干，选用皮脂平衡液，放射式涂放于头皮。

整理造型

根据顾客需求进行吹风造型等收尾工作。

盘点产品、整理工具、工作区域为接待下一位顾客做好准备。

 三、学生实践

(一) 布置任务

1. 防脱发护理前准备工作

任务要求：美发实训室，两人一组，在20分钟内进行护理前准备工作，并考虑以下问题：

①询问顾客每周的洗发次数，正在使用的洗发产品是哪些？详细记录。

②询问顾客近期的作息时间是否正常？记录下来。

③询问顾客的饮食情况，说出理由。

④列出你所需要的护理物品，你是怎么制定护理方案的？

2. 防脱发护理操作

任务要求：美发实训室，两人一组，在50分钟内进行护发操作，并考虑以下问题：

①你是如何选择治疗产品的？说出理由。

②你在涂抹时是怎么分发区的，涂抹顺序是怎样的？

③在此次操作完毕后，你对顾客给予了哪些建议，理由是什么？

④操作后怎样为顾客建立档案资料？请自制档案表格，详细记录。

（二）工作评价（见表3-1-3）

表3-1-3 脱发头皮护理工作评价标准

评价内容	评价标准			评价等级
	A（优秀）	B（良好）	C（及格）	
准备工作	工作区域干净整齐，工具齐全，码放整齐，仪器设备安装正确，个人卫生仪表符合工作要求	工作区域干净整齐，工具齐全，码放比较整齐，仪器设备安装正确，个人卫生仪表符合工作要求	工作区域比较干净整齐，工具不齐全，码放不够整齐，仪器设备安装正确，个人卫生仪表符合工作要求	A B C
操作步骤	能够独立对照操作标准，使用准确的技法，按照规范的操作步骤完成实际操作	能够在同伴的协助下对照操作标准，使用比较准确的技法，按照比较规范的操作步骤完成实际操作	能够在老师的指导帮助下，对照操作标准，使用比较准确的技法，按照比较规范的操作步骤完成实际操作	A B C
操作时间	在规定时间内完成任务	规定时间内在同伴的协助下完成任务	规定时间内在老师帮助下完成任务	A B C
操作标准	能够完成操作流程，手法使用正确，头发、头皮表面无残留污渍，操作过程中使用礼貌用语，操作姿势视觉效果舒服，符合计划要求	能够完成操作流程，手法使用正确，头发、头皮表面无残留污渍，能够按照计划要求完成操作	能够完成操作流程，手法使用正确，头发、头皮表面无残留污渍	A B C
整理工作	工作区域干净整洁无死角，工具仪器消毒到位，收放整齐	工作区域干净整洁，工具仪器消毒到位，收放整齐	工作区域较凌乱，工具仪器消毒到位，收放不整齐	A B C
学生反思				

四、知识链接

头皮健康与心理压力有关

喧嚣纷扰的工作和生活，使现代都市人面临更大的压力，心理压力最先感知的身体部位就是头部，最先表现出来的不适就是头皮问题。区别于常见的皮肤问题，头皮问题并不是那么显而易见，很多人即使已出现头皮方面的疾病，却因没有明显症状而不自知。当头皮出现头皮屑、瘙痒、干燥、出油、刺痛等问题时，都是头皮不适的集中表现。

而污染的外部环境也配合压力给头皮带来内外夹击。外部污染物的来源主要分为四类：来源于头皮的角质碎屑及汗液中的成分；细菌等微生物将皮脂分解代谢后的产物；沉积于头发上的各种微粒或污染物（如灰尘、悬浮颗粒、雨水中的化合物）；美发产品的残留。

简单头皮测试方法

可将一片纸巾在头皮上放一分钟：纸上出现油迹的，为油性头皮；几乎看不到油迹的，为干性头皮；若纸上出现如同夏季出汗时手指留下的痕迹，则为普通头皮。

防止脱发饮食很重要

要保持健美的头发，饮食必须营养均衡。蛋白质缺乏就有可能使头发的生长期停顿下来，导致头发未成熟就及早脱落掉，而过量的、过分精制的碳水化合物，或者饮酒皆能消耗掉有美发作用的B族维生素。吸烟则可消耗体内的维生素C并可使运送血液、供给营养的血管收缩，有碍头发的健康生长。因此，为了护发除常食用含碘的海菜类及碘盐外，平时还应多食含维生素和泛酸的食物，如青叶菜、菜花、南瓜、豆类、花生米等；若配合富含蛋白质和含锌的饮食，如鲜鱼、羊肉、鸡、鸭、牛奶及蛋类等，效果更佳。有些中药具有补血、补肾、养阴等作用，能促使新发生长，如首乌30克、当归20克，可用水煎当茶饮；服用天麻首乌片、柏子看心丸等中成药，有防治白发、脱发之功效，不妨常用之；还可用熟地、生地、鸡血藤、何首乌、生黄芪、白芍、桑葚子15克，龙眼肉、当归、天麻各10克方剂水煎服；天麻和补肾养血药配合有促进头发生长的作用，对营养不良、产后出血过多、患出血性疾病及肾之精气不足引起的脱发皆有裨益。

项目二 头皮屑头皮护理技术

项目描述：

无论油性或干性头皮都有可能会长头皮屑。大部分头皮屑现象是由头皮营养代谢障碍引起，头皮营养不良导致皮肤脱落而形成头皮屑。在这一项目中，同学们将学习如何针对有头皮屑的头皮进行专业护理，为顾客消除头屑烦恼。

工作目标：

①能够描述头屑较多头皮护理原理、种类。

②能够介绍典型产品的类型。

③能够描述躺式去屑头皮护理的操作流程及手法。

④掌握为顾客提供保护措施（毛巾、客袍、保鲜膜）的操作手法。

⑤掌握为顾客去屑头皮护理过程中试水温、洗发，涂抹揉搓（加按摩）、再冲水、包头等操作手法。

⑥掌握在服务过程中要对顾客微笑、使用礼貌用语，学会正确的站姿，掌握接待顾客、与顾客交流及进行产品介绍的能力。

一、知识准备

（一）头皮护理基础知识

1. 头皮屑

头皮屑在医学上称为头皮糠疹，是一种由马拉色菌（真菌中的一种）引起的皮肤病。马拉色菌在头皮上的大量繁殖引起头皮角质层的过度增生，从而促使角质层细胞以白色或

灰色鳞屑的形式异常脱落,这种脱落的鳞屑即为头皮屑。头皮屑分为以下几种情况:

①头皮是正常的,仅仅有头皮屑,梳头的时候,掉头皮屑,这种情况我们称它是头皮的单纯糠疹。

②如果头皮屑非常多,而且皮层很厚,上面有红斑,头发可以成束,而且身体的其他部位也有皮疹,那么我们诊断就可能是银屑病。

③如果说头皮上的鳞屑是油腻性的,头发油腻、干枯,头皮上也有些红斑,那么这个就可能是脂溢性皮炎。

④头皮的鳞屑非常厚,鳞屑呈干燥的粉末状,这种情况多半是头皮石棉状糠疹。

⑤有一种头癣也可以引起头屑的增多,主要是白癣,同时会伴有脱发,真菌学检查阳性,诊断比较容易。

2.头皮屑的产生原因

①洗发精没洗净。

②使用脱脂力过强的不良洗发精。

③头皮上的皮脂过多。

④饮食不当,饮酒及食用刺激性食物。

⑤自律神经容易紧张压力,外在环境不良。

⑥睡眠不足、疲劳,身体机能渐渐失序,真菌等原因致使头皮的新陈代谢加快。

⑦胃肠障碍,营养不均衡,缺乏维生素A、B_6、B_2,头皮屑一般和健康有关。

⑧使用不良美发用品,致使头皮角质层脱落形成头皮屑。

⑨内分泌不正常因素。

⑩季节转换。

3.头皮屑的预防措施

由于头皮屑是由真菌(马拉色菌)感染引起的,因此,第一,要提高头皮护理意识;第二,要调整生活规律、避免吃煎炸、油腻、辛辣等食品,可起到调节、保护头皮自身平衡、抑制马拉色菌过度繁殖,从而减少头皮屑发生的概率;第三,要注意日常的头皮护理;第四,真菌都具有一定的传染性,因此做好个人和家庭成员之间的起居卫生,分开使用毛巾、枕巾、梳子等生活用品,可以在一定程度上减少马拉色菌在人际的传播,起到预防头皮屑发生的作用。

①良好的生活习惯。保持充足的睡眠，愉快的心情，多参加体育运动都有利于皮肤健康。此外，合理地安排工作、休息，让压力减到最低也是必要的。

②调整饮食。平时应多吃一些含碱性多的食物，如海带、紫菜，常喝鲜奶，食用豆类、水果类等能起到润发作用的食物；清热去毒的食物也应多吃；而那些刺激及煎炸的食物要少吃。

③合理洗发。有人以为天天洗头就可以将头皮屑洗干净，其实不然，过多地洗头会减少头皮皮脂的厚度，令皮脂加速分泌，自然就会出现头皮干燥、头皮屑过多的现象。最好两到三天洗一次头，梳子、枕头、枕巾也要保持干净，最好不互相使用梳子。

④正确洗发。将洗发水倒在手中，略微加点水将其进行揉搓至泡沫丰富再抹到头发上。尽量不要直接将洗发水倒在头发上，这样清洁的效果远不如前面的操作方法有效。想要更有效地摆脱头皮屑，必须先从洗发开始抓起。

⑤温水洗头。凉水洗头首先很难达到清洁的目的，其次会引起头痛头晕的现象。而过热的水更容易刺激头皮，致使头皮分泌过多的油脂。皮脂过多会使脱落的细胞一起附在头皮上，干燥后变成细碎的头皮屑。所以建议用温水洗头，20℃左右最佳。

⑥选择合适的洗发液——中药组方洗发液。有头屑的人要选用具有调养头皮功能的洗发液。有些洗发液刚开始用还比较有效，时间长了就不管用了，原因是化学去屑仅停留在表面清洁，不能彻底根除头屑，反而使化学成分残留在头皮上，造成头皮受到进一步的刺激和伤害。相比较来说，中药组方的产品，能够温和调养头皮，有效抑制头屑等头皮问题，安全恢复头皮生态平衡，从根本上解决头油、头痒、头皮屑多三大头皮问题。

(二)头皮护理操作知识

1. 头部按摩穴位 (见表3-2-1)

表3-2-1 头部按摩穴位简介

穴位名称	位置描述	按摩效用	治疗
百会	将两耳对折形成两耳尖，由两耳尖连线跨越头顶与头部前后正中线交际处	润泽头发增加头部血液循环	头痛、头晕、神经衰弱
神庭	在前发际线正中上0.167厘米处	清脑安眠	失眠
太阳穴	在眉梢与外眼线之间后约3厘米凹陷处	解除疲劳、清热祛风	头痛、眼痛
印堂	在两眉头连线中点	清热安神、祛风止痛	前头痛、眩晕、高血压
风池	在后颈部两端的凹陷处	祛风解表、清脑明目	感冒、发烧、颈部强痛

续表

穴位名称	位置描述	按摩效用	治疗
翳风	耳垂后方,张口取之凹陷处	疏风通络、改善面部血液循环	耳鸣、耳聋、齿痛

2.头皮按摩注意事项

①按摩时手不要轻易离开头皮。

②根据顾客的要求来控制手法的轻重。

③手法轻柔而有节奏。

（三）头皮护理产品工具基础知识

1.头皮护理液的作用

①解决头皮和头发的问题:能够为头皮和发囊提供丰富的营养成分,全面营养、护理头皮和发囊,恢复头皮和头发的自然平衡状态,从而达到舒缓头皮,消除头皮屑、头皮发痒,恢复头发弹性、亮泽和柔滑,健发护发等功效,从根本上解决头皮和头发的问题。

②呵护正常的头皮和头发健康:维护正常头皮和头发健康,消除头皮紧绷感,给头皮带来轻松自然的舒适感觉。

③皮肤止痒作用:具有有良好的皮肤止痒作用,喷涂后可起到立刻止痒的效果。

2.头皮屑头皮护理工具

胶碗、毛刷、发夹、围布、去头屑洗发水、去头屑护发产品、毛巾、发梳、棉条。

 二、工作过程

（一）工作标准（见表3-2-2）

表3-2-2 头皮屑头皮护理工作标准

内容	标准
准备工作	工作区域干净整齐,工具齐全,码放整齐,仪器设备安装正确,个人卫生仪表符合工作要求
操作步骤	能够独立对照操作标准,使用准确的技法,按照规范的操作步骤完成实际操作
操作时间	在规定时间内完成任务
操作标准	能够完成操作流程,手法使用正确,头发、头皮表面无残留污渍,操作过程中使用礼貌用语,操作姿势视觉效果舒服,符合计划要求
整理工作	工作区域干净整洁无死角,工具仪器消毒到位,收放整齐

（二）关键技能

1. 头皮屑头皮清洗

洗发

选用治疗头皮屑的洗发用品，将头发洗干净。

注意：选用相匹配的去头屑洗发液进行洗发；洗发手法力度适中节奏不紧不慢；洗发水适量。

按摩头皮

用按压的方法按摩头皮15分钟，起到吸收产品的作用。

注意：手法力度要适中，节奏不宜过快；每一个方位都要按摩到，按摩可以促进头皮的血液循环使之更好地吸收产品。

冲洗

彻底冲洗干净。

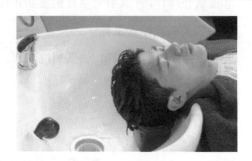

包头

用毛巾轻轻擦干头发边缘的水渍，同前面的方法把头发包起来。

2.去头屑药剂护理

梳理头发

擦至七分干，然后从头顶向下呈发射状梳理
头发。

涂抹去头屑药剂

在头顶正中央分约10厘米的一条界线将头发分开。

注意：分发片要均匀，不能相差太多。发片厚度1厘米。

从前额中间发际线到顶部为第一道放射线，将去头屑药剂由后向前涂抹在发片分界线的头皮上。

注意：挤出产品时力度适中，每次挤出的产品量要均匀。

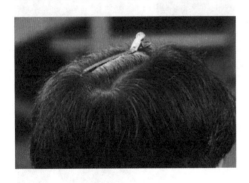

以第一道放射线为起点，依次向左、向右、向后将去头屑药剂涂抹于全头。

涂抹边缘线部分。

注意：要保证全部头皮进行涂抹，不要有漏掉的地方；边缘部分由于头发短可以不必挑起发根涂
抹。

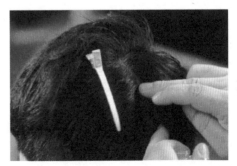

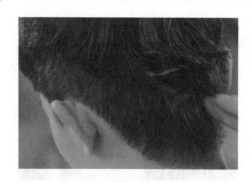

按摩头皮

五指敞开，均匀分布在头皮的各个部位，手指各地打圈。按摩头皮时间约为15分钟，让头皮尽量吸收所有的产品，使产品起到作用。

注意：手法力度要适中，节奏不宜过快；每一个方位都要按摩到，帮助头皮更好地吸收产品；在按摩的过程中询问顾客可承受的力度。

清洗

用清水将头皮冲洗干净。

注意：用温水冲洗，要认真仔细地冲洗干净。

（三）工作流程

接待顾客

针对顾客需求进行沟通交流，制定本次服务流程的操作方案。询问顾客的基本信息，针对顾客的要求给予适当的建议，最终确定头皮护理方案。

保护措施

按操作规程完成毛巾、围布、发质测试、保护措施的操作。

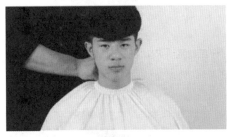 

头皮检测

仔细检查头皮情况，并询问顾客的基本情况。

注意：借助仪器进行头皮的检测，认真分析检测数据，仔细观察检测结果，准确判断头皮状况，为顾客提供有价值的建议。

头皮屑头皮清洁

选用治疗头皮屑的洗发用品，将头发、头皮洗干净。

去头屑药剂护理

按操作规程完成去头屑药剂护理。

去屑护发素护理头发

使用相匹配的去头屑护发素。

注意：护发素要适量，认真仔细均匀涂抹；冲洗时仔细检查头皮状况，观察是否有残留的头皮屑，如果有残留，继续冲洗，直至彻底冲净。

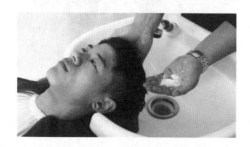 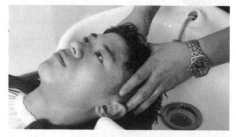

整理造型

根据顾客需求进行吹风造型等收尾工作。

盘点产品、整理工具、工作区域，为接待下一位顾客做好准备。

 ## 三、布置任务

（一）布置任务

1. 护理前准备工作

任务要求：美发实训室，五人一组，在20分钟内进行护理前准备工作，并考虑以下问题：

①头屑多为什么要进行护理？说出理由。

②毛巾、围布消毒的工作流程是什么？记录下来。

③为什么在去头屑护理前进行刷发？说出理由。

④你选择了哪种去头屑产品，理由是什么？

⑤分析小组中每位同学的发质并将结果填入下列表中。

顾客姓名：		性别：	日期：
头发长度			
头发性质			
病理原因			
解决方案			

2. 头皮屑护理操作

任务要求：美发实训室，两人一组，在50分钟内进行去头屑护发操作，并考虑以下问题：

①你是如何针对顾客选择洗发产品的？

②你的顾客头皮属于哪种类型，是怎么进行测试的？

③你制定的护理方案是什么？详细写出流程。

④护理时是否将产品洒到了地上，如果洒到地上该做什么？

（二）工作评价（见表3-2-3）

表3-2-3 头皮屑头皮护理工作评价标准

评价内容	评价标准			评价等级
	A（优秀）	B（良好）	C（及格）	
准备工作	工作区域干净整齐，工具齐全，码放整齐，仪器设备安装正确，个人卫生仪表符合工作要求	工作区域干净整齐，工具齐全，码放比较整齐，仪器设备安装正确，个人卫生仪表符合工作要求	工作区域比较干净整齐，工具不齐全，码放不够整齐，仪器设备安装正确，个人卫生仪表符合工作要求	A B C

续表

评价内容	评价标准			评价等级
	A（优秀）	B（良好）	C（及格）	
操作步骤	能够独立对照操作标准，使用准确的技法，按照规范的操作步骤完成实际操作	能够在同伴的协助下对照操作标准，使用比较准确的技法，按照比较规范的操作步骤完成实际操作	能够在老师的指导帮助下，对照操作标准，使用比较准确的技法，按照比较规范的操作步骤完成实际操作	A B C
操作时间	在规定时间内完成任务	规定时间内在同伴的协助下完成任务	规定时间内在老师帮助下完成任务	A B C
操作标准	能够完成操作流程，手法使用正确，头发、头皮表面无残留污渍，操作过程中使用礼貌用语，操作姿势视觉效果舒服，符合计划要求	能够完成操作流程，手法使用正确，头发、头皮表面无残留污渍，能够按照计划要求完成操作	能够完成操作流程，手法使用正确，头发、头皮表面无残留污渍	A B C
整理工作	工作区域干净整洁无死角，工具仪器消毒到位，收放整齐	工作区域干净整洁，工具仪器消毒到位，收放整齐	工作区域较凌乱，工具仪器消毒到位，收放不整齐	A B C
学生反思				

 四、知识链接

头发分叉的原因

①油脂分泌不足。由于头发缺乏营养和滋润引起油腻从发根部分分泌出来，当分泌不足时，到发尾部分已无法吸收，这部分头发就会干枯。

②选用不良的洗发水。如选用清洁成分过重、碱性过强的洗发水使头发洗后过度失

去油脂,长期下去也会令头发受损。

③对头发进行过多的不适当处理,而过后又不加以适当的照顾。

④阳光照射,用略带碱性的水洗发,而事后又不护理。

⑤过度使用吹风机吹头发,而未适度地保养头发。

头发分叉补救的办法

①把分叉的部分剪掉,去剪掉时应由分叉点向上剪。

②使用性质温和的洗发水。

③每次洗发后都用护发素可保养头发。

④经常用宽齿毛刷刷头发,帮助油脂均匀分布于整根头发。